大岩桐

Sinningia speciosa

郝艳玲 —————— 编著

中国农业出版社
北 京

图书在版编目（CIP）数据

大岩桐 / 郝艳玲编著 . -- 北京 ：中国农业出版社，
2025. 8. -- ISBN 978-7-109-32912-6

Ⅰ. Q949.778.4-64

中国国家版本馆 CIP 数据核字第 2024P301R7 号

大岩桐　　　Dayantong

中国农业出版社出版

地址：北京市朝阳区麦子店街18号楼

邮编：100125

策划编辑：郭晨茜　　王　珍

责任编辑：郭晨茜

版式设计：刘亚宁　　责任校对：吴丽婷　　责任印制：王　宏

印刷：北京印刷集团有限责任公司

版次：2025 年 8 月第 1 版

印次：2025 年 8 月北京第 1 次印刷

发行：新华书店北京发行所

开本：787mm×1092mm　1/16

印张：14.75

字数：350 千字

定价：128.00元

经过多年的努力，我国花卉产业得到了长足发展，已成为世界上最大的花卉生产国、重要的花卉贸易国和花卉消费国。国家林业和草原局和农业农村部联合发布的《全国花卉业发展规划（2022—2035 年）》提出，到 2035 年基本建成花卉强国。我国是一个花卉大国，但不是花卉强国，还存在着花卉种质资源开发利用不够、花卉种业发展滞后、自主创新能力不足、花卉产品质量不高等诸多问题。与世界花卉产业强国相比，我国花卉育种工作起步较晚，具有自主知识产权的花卉品种市场占比还不高，主流花卉品种的种子、种苗、种球依然依赖进口，欧美花卉发达国家仍掌握着花卉种子、种苗、种球和新品种研发等高附加值的产业链前端。我国要建成花卉强国，必须补齐花卉种业这个短板，做强做大花卉种苗业。

新品种是花卉产业的灵魂，不断开发和应用新品种是花卉产业赖以生存和发展的根基。花卉种业是花卉产业的芯片，是花卉产业发展的重要基础。没有强大的花卉育种业就不可能有强大的花卉产业。我国花卉业要从大国走向强国，从根本上来讲，就是振兴花卉种苗业，这是中国花卉业走向世界的关键，也是推进花卉产业高质量发展、实现花卉强国目标的战略引擎。我们必须加快培植长期稳定、高水平的花卉育种人才队伍，健全完善的花卉育种体系，充分发挥我国花卉业在种质资源特别是野生花卉资源、生态资源、人才资源等方面的优势，全面提升花卉育种水平，培育出具有中国特色、品质稳定的花卉品种，实现花卉种苗自立自强，增强国际竞争力，使中国花卉走向世界，立足于世界之林。

振兴中国花卉种苗业，迫切需要一大批专心从事花卉育种的科技人才队伍。成都农业科技职业学院的郝艳玲团队正是默默无闻地献身于花卉育种事业的代表，他们历经 15 余年，系统开展大岩桐资源收集、新品种选育及繁殖、栽培等生产关键技术研究，取得了丰硕成果，为保护、利用、开发苦苣苔科植物资源作出了积极贡献。郝艳玲团队这种严谨治学、孜孜不倦、刻苦认真、锲而不舍的科学精神值得倡导和弘扬。我们殷切地希望有更多的科研工作者投身于花卉育种及相关技术研究，建立健全新品种选育科技创新体系，解决花卉产业发展中的技术难题，培育出更多、更好的具有自主知识产权和国际竞争力的花卉品种，提高花卉种子、种苗、种球国产化生产能力。

中国是世界上苦苣苔科植物种类最多、分布最广的国家。苦苣苔科植物在花卉产业发展中具有较大的开发利用价值，特别是选育出的大岩桐新品种，花大色艳，色彩丰富，花姿优美，开花周期长，观赏价值高，耐阴性、适应性和抗旱性强，是一种理想的室内和节日点缀花卉，具有较高的市场推广价值和广阔的市场前景。

《大岩桐种质资源图谱》一书，系统总结了郝艳玲团队多年的科研成果，对大岩桐各类品种、色系、特色、性状及新品种在未来家庭园艺发展中的作用等进行了系统、详细的论述和介绍。我们相信，《大岩桐种质资源图谱》一书的出版发行，对推进苦苣苔科植物的开发利用，特别是对新品种的选育，具有推动、引领和指导作用；同时也可为喜欢大岩桐的爱好者提供养护技术指导。

中国花卉协会副会长

赵良平

2024 年 7 月

在生物多样性保护与种业创新成为国家战略的时代背景下，花卉种质资源的系统性保护与创新性开发已成为推动绿色产业升级的核心动力。大岩桐作为苦苣苔科多年生草本花卉的杰出代表，凭借其独特的观赏价值、潜在的药用功能及广阔的市场开发前景，在全球花卉产业中占据重要地位。我国自 20 世纪 30 年代开启大岩桐引种研究以来，虽在资源引进与栽培技术上取得显著进展，但长期受制于种质资源自主创新能力不足、核心品种依赖进口的困境。为突破这一发展瓶颈，由成都农业科技职业学院与四川农业大学联合组成的科研团队，历经十五载潜心研究，系统构建了涵盖种质收集、遗传育种、栽培应用的大岩桐全产业链技术体系。本书作为该团队阶段性研究成果的集中呈现，旨在通过科学系统的资源编目与育种实践总结，为我国大岩桐种业振兴提供理论支撑和技术参考。

20 世纪 30 年代，南京大学与南京中山植物园率先从美国、巴西等地引入大岩桐种源，开启了本土化栽培探索。新中国成立后，随着全国植物园体系的建立，引种范围逐步扩大，上海、北京等地相继开展试种繁育。进入 21 世纪，随着消费市场升级，大岩桐进口品种持续增多，国内自主培育品种更显匮乏。针对品种资源"卡脖子"难题，本研究团队创新构建"资源收集—性状评价—杂交创制—品种选育"的育种技术链。团队在全球范围内收集种质资源，建立了包含 1 200 份材料的育种材料库（The Information Archives for Sinningia），并系统开展花色、花型、抗逆性等性状评价。在此基础上，运用远缘杂交、诱变育种等技术手段，创制出耐阴、耐旱、稀有特异花色等新材料 20 余份，培育出 40 余个具有完全自主知识产权的新品种（系），其中 11 个品种获国际苦苣苔科植物登录权威机构（The Gesneriad Registry）认证，实现了从资源引进到原始创新的跨越式发展。我们面向产业链需求，重点突破西南山地气候适应性、低成本组培快繁等关键技术，筛选出适应四川盆地高温高湿环境的专用品种，建立标准化技术体系，为西南地区花卉产业转型升级提供了直接技术支撑。

全书以严谨的形态学观察结合栽培实践，构建大岩桐种质资源的标准化描述体系，同时通过完整展现大岩桐的遗传多样性图谱，为品种选育、资源保护及观赏应用奠定理论基础。全书以英国皇家园林植物比色卡（RHS-Colour-Chart）为色彩分类标准，围绕大岩桐的形态特征、栽培品种、亲本资源及遗传变异展开论述，为园艺研究者和爱好者提供翔实的科学参考。第一章从基础层面解析大岩桐的植物学特性，涵盖分类体系、常见品种（系）及地域特征差异。通过对比不同地域大岩桐花冠、花姿形状，揭示其遗传规律。第二章至第四章，按花冠裂片颜色、花瓣性状、花冠筒、花喉特征、半重瓣品种的遗传特性，展示栽培种、亲本、杂交组合的资源图谱，其中按花冠裂片颜色划分为白、粉、黑、红、蓝、紫六大主流色系，其中蓝色系为蓝紫复色混合（蓝＞紫），黑色系为黑紫复色混合；同时细化分析花瓣特色性状，包括白边、斑驳、彩虹环、麻点、条纹、沾染等类型，明确其定义，充分展示其生物多样性。第五章探讨大岩桐的突变机制，解析环境因子（温度、湿度、肥力）对种子变异的影响，指出高温高湿易致花瓣外缘绿边化，缺肥易现多花萼，过量磷钾肥或高温施肥易引发花萼瓣化等现象，并提出春季与早秋为最佳授粉期以稳定性状表达。

随着基因组学、基因编辑等现代生物技术的快速发展，大岩桐种质创新将迎来新的机遇。我们期待，通过本书的知识传播与技术转化，能有更多创新品种从中国走向国际舞台。

第一章
概述

Sinningia

Speciosa

大岩桐（*Sinningia speciosa* Hiern）是苦苣苔科、大岩桐属多年生草本，因其叶茂翠绿、花朵姹紫嫣红且花期长，成为了著名的佳节点缀和室内装饰盆花，深受大众喜爱。大岩桐最早于 1785 年在巴西被发现，随后在 19 世纪初被引入欧洲，自此，大岩桐的育种工作得以顺利开展。19 世纪 60 年代，通过杂交育种技术，已选育出有观赏价值的大岩桐品种，并在欧美国家流行开来；到 20 世纪 60 年代，美国和日本已育成花径 7～12 厘米、拥有深蓝白边和鲜红白边等特征的重瓣品种，共计 4 个，这些品种至今仍然广受欢迎，堪称大岩桐品种中的常青树。20 世纪 90 年代，日本又成功培育出矮生和迷你型大岩桐，为大岩桐的盆栽观赏开启了新局面。此后，日本培育的阿瓦迪单瓣系列风靡亚洲。21 世纪以来，以俄罗斯及乌克兰培育的品种（简称俄乌大岩桐）开始流行。

中国对大岩桐的引种工作始于 20 世纪 30 年代，当时金陵大学农学院和中山陵园纪念植物园从美国引进了一批大岩桐品种。新中国成立后，各地植物园才正式开始系统地引种、试种工作。随着中国对花卉资源收集挖掘工作的深入开展，福建、广东、台湾以及西南地区发现了少量原始种，这些原始种大多为中筒单瓣，花色较为普遍，以浅紫色或浅粉色为主。

大岩桐块茎扁球形，上部凹陷，整个块茎上的根系为须根系，且根系长势一律向下。地上茎的形态因品种而异，有粗茎型、细茎型、中间型 3 种，地上茎的长度还会随着光照时间而变化。

大岩桐叶片肥大且厚，形态多样，有圆形、矩圆形、椭圆形、卵形等，叶片表面平滑或者粗糙。叶脉的粗细因品种而有所不同，颜色多为白色或褐色，主脉通常为侧出平行脉。叶柄长短不一，颜色有褐色、绿色或者白色，大多覆毛。叶尖呈急尖、凸尖、圆形、圆钝。叶缘呈全缘、钝齿、锯齿。叶基呈渐狭、下延、圆钝、圆形。叶序对生或轮生。叶柄有长柄、短柄之分，颜色有紫色、褐色、绿色、白色。此外，叶片厚度因品种和类型不同也有差异。长叶大岩桐为本属植物"大岩桐"的变种，与原种的区别是：叶片大而长，叶脉白色且清晰。

　　大岩桐花姿有直立、斜伸、侧垂。花型有单瓣和重瓣之分，单瓣的花冠裂片为 5 ～ 13 片，重瓣的花冠裂片为 9 ～ 16 片。随着育种技术的进步，半重瓣大岩桐也应运而生。花冠类型有钟形、唇形和漏斗形。花芽顶生或腋生。花冠筒长短不一，形状各异，着生方式也不同。此外，花冠筒内外壁颜色不同，内部花喉颜色也不同，花喉内部的麻点和蜜导线也因品种不同而有差异。值得注意的是，花喉内部有无茸毛是判断大岩桐是否抗寒的一个指标。花冠裂片长短、排列方式以及瓣缘有无褶皱，因品种、类型、基因和地域不同而存在明显差异。成株花的数量从 6 ～ 30 朵不等，有粉色、红色、紫色、蓝色、白色、复色等颜色。大岩桐雄蕊数量 6 ～ 14 枚，雌蕊仅为一枚，雌蕊比雄蕊长，故很难天然授粉。如果想要得到果实和种子，必须进行人工授粉。一般大岩桐开花后 1 ～ 2 个月种子就会成熟，种子呈褐色，细小而多，每克种子有 25 000 ～ 30 000 粒。花期 4 ～ 8 月或 9 ～ 11 月，也有常年开花的个体。大多数大岩桐没有香味，但随着育种改良，不乏花大色艳、香味浓郁的个体出现。

一、大岩桐的分类

1. 按照花冠裂片数目分类

（1）原叶型（Crassifolia）　市面上最早出现的一类产品。花冠多为 5 裂，单瓣，裂片圆，属早花品种。花大型，质厚，叶片较大，花柄较短。目前，市面上此类大岩桐数量较多，在杂交育种后代分离中，此种性状出现的个体较多。

（2）大花型（Grandiflora）　花冠裂片 6 ～ 8 枚，比原叶型开花更多。叶稍小，叶数多，叶脉粗，叶柄稍长，整个植株叶片疏密适中，有利于避免在浇水过程中叶片过大过密而导致的叶片霉烂现象，目前该类型在欧美地区最为流行，花色艳丽多姿，花冠直径较大。

（3）重瓣型（Double Gloxinia）　此类型大岩桐花大，一般花瓣 2 ～ 3 轮，多者可达 5 轮，十分壮丽。重瓣个体花大美丽且在室内容易开花，故很受欢迎。

（4）多花型（Multiflora）　以美国培育出的多花型品种最为著名，花筒稍短，花冠裂片 8 片以上，花梗极短，株型紧凑，适合小型盆栽，常用于造景打底。

2. 按照株型和叶型分类

（1）王后大岩桐　株高约 20 厘米，叶卵圆形，叶面绿色，叶背紫色，全身具细茸毛，花从叶腋中抽出，一般 4 ～ 6 朵，花茎长 5 ～ 10 厘米，花茎顶端有一朵下垂的花，花朵形似拖鞋，花瓣紫色，花喉有较深的紫斑。

（2）**深红大岩桐** 株高约25厘米，叶近圆形，着生有稀疏的茸毛。花期为秋季，花色为血红色，花形似头盔。

（3）**细小大岩桐** 茎短小，约1.5厘米长。叶小，圆形，直径1.3厘米，叶面绿色，叶背浅绿色，有淡红色叶脉。花单朵，花冠呈喇叭形，上部的2片花瓣比下部向外开展的3片小，花朵紫色或淡紫色，有深色条纹，有白花变种可连续开花，有许多小型品种。

（4）**白毛大岩桐** 株高约25厘米，茎叶密生白毛，叶4片轮生，卵圆形，叶背脉纹显著。夏秋季开粉红花，花筒近似圆筒形。

（5）**喉毛大岩桐** 株高约30厘米，花白色，花冠内有红色的斑点，喉部密生茸毛，全年可开花。

二、大岩桐的常见品种（系）

目前，市面上的大岩桐常见品种见表1。

表1　大岩桐常见品种

序号	品种（系）	性状
1	威廉皇帝系列（Emperor William Series）	花深紫色，具白边
2	日本阿瓦迪系列（Avanti）	植株紧凑，花单瓣，有红色、紫色、白色等
3	挑战（Defiance）	花深红色
4	辉煌系列（Glorious Series）	花重瓣，有猩红、蓝及白色镶边
5	弗雷德里克皇帝（Emperor Frederick）	花红色，具白边
6	神秘系列（Mysterious Series）	植株极矮小，叶较小，花重瓣，有粉红、紫红、红及白色镶边
7	瑞士（Switzerland）	花鲜红色，花瓣边缘白色、有褶皱
8	泰格里纳（Tigrina）	花橙红色
9	花神系列（Flower God Series）	单瓣，植株矮小，花有桃红、紫红、淡紫色镶边
10	火神（Vulcan Fire）	花紫色
11	格雷戈尔·门德尔（Gregor Mendel）	花红色
12	芝加哥重瓣（Double Chicago）	花重瓣，淡橙红色
13	巨早系列（Early Giant Series）	花深紫色（具淡紫边）、深红色等，开花早，从播种至开花只需4个月
14	重瓣锦缎系列（Double Brocade Series）	花有深红色、红色（具紫色花心和白边）、玫瑰红色（具白边）等，矮生，重瓣花，叶片小
15	迷你系列（Mini Series）	植株矮小，花单瓣，有橙红、深红、褐色
16	锦花系列（Brocade Flowers Series）	植株矮小，花重瓣，有红、紫红及白色镶边

三、不同地域大岩桐特征分析

1.基础性状分析

目前，大岩桐花冠分为三种类型，即钟形、唇形、漏斗形，钟形个体数量占比最多（74.49%），全世界各个地区均有存在且较盛行，唇形次之（15.30%），漏斗形占比最少（10.21%）。大岩桐开花姿态主要有顶生、侧生、下垂三种类型，其中以顶生个体数量占比最多（68.17%），侧生、下垂个体数量占比分别为18.22%、13.61%。引进栽培种多以重瓣个体商业化推广比例较多，单瓣个体与重瓣个体单株开花数量差异显著（$P < 0.5$），平均数值是46.21朵、35.75朵，单瓣个体单株开花数量较重瓣多（表2）。北美洲、南美洲、大洋洲等地的大岩桐花冠类型和花姿类型更为丰富。

表 2 不同地域大岩桐特征分析

来源	花冠形状在种群内占比（%）			年均单株开花数量（朵）		花姿形态种群内占比（%）			颜色分区	地域特征
	钟形	唇形	漏斗形	单瓣	重瓣	顶生	侧生	下垂		
1	80.49	9.75	9.76	53.50±1.56*	37.50±2.43*	87.80	7.31	4.87		麻点大小不同
2	17.50	55.00	27.50	40.60±8.95	33.60±2.12	20.00	30.00	50.00		侧生花冠筒＋麻点
3	37.00	37.50	25.50	42.50±5.25	36.80±3.21*	25.00	35.00	40.00		侧生花冠筒＋麻点
4	72.50	15.00	12.50	43.60±6.31	35.50±5.12	60.52	26.31	13.15	Red-Purple Group 40、41、42、43、44、N45、46、47、50、51、54、55、56、N57、63、62、65、66、69、75、76、77、79、NN78	麻点＋暖色底色
5	89.50	10.50	0	42.80±2.44	36.40±1.23*	57.14	35.71	7.14		麻点沾染＋条纹
6	92.50	7.50	0	44.60±4.24	36.60±1.68*	80.48	19.51	0		麻点细密＋底色
7	82.50	17.50	0	48.00±5.65*	38.50±0.69*	65.79	15.78	18.42		麻点＋斑驳＋暖色底色
8	84.50	15.50	0	56.10±0.23*	36.50±1.56*	67.39	17.39	15.21		麻点＋条纹
9	90.00	0	10.00	47.60±2.32*	34.50±2.24	90.00	10.00	0		大喉＋渐变＼麻点
10	89.50	0	10.50	46.40±0.56*	32.80±1.65	70.59	29.41	0		暖色麻点＋底色
11	83.50	0	16.50	47.60±1.23*	34.60±2.14	91.3	8.69	0		纯色＋艳丽色
合计	74.49	15.30	10.21	46.21±1.56	35.75±3.02	68.17	18.22	13.61	FAN1—FAN2	麻点

＊表示差异性显著（$P < 0.5$）。

根据英国皇家园林协会（RHS）植物比色卡对比，目前大岩桐主流花色有白、粉、红、蓝、紫、黑6种，可细化为19种色系，其中粉色色系分为6种，后代个体数量占比19.39%，紫色色系分为5种，后代个数占比35.63%，红色色系分为4种，后代数量占比33.53%。花冠颜色分布呈现多样性，并无明显地域特征。大岩桐花色大多颜色分布在FAN1和FAN2之间。不同颜色和形状的花冠、不同特性（麻点、条纹、沾染等）的花冠裂片和不同的花姿，构成了大岩桐的多样性。由于地域遗传资源不同，各地大岩桐育种各具特色：巴西和哥伦比亚大岩桐多为长筒单瓣个体；美国大岩桐多以麻点点缀为特色；俄罗斯和乌克兰大岩桐多以麻点＋条纹的组合形式为特色；德国和荷兰大岩桐多以麻点细密＋底色的组合形式为特色；日本大岩桐多以顶生、大花喉为特色；中国大岩桐多以纯色为特色。

不同花冠和花姿类型大岩桐　　　1-2 钟形　　　3-4 唇形　　　5-6 漏斗形
　　　　　　　　　　　　　　　7-8 侧生　　　9-10 顶生　　　11-12 下垂

1	2	3	4
5	6	7	8
9	10	11	12

不同地域大岩桐花冠特征　　1-4　　美国、巴西

5-8　　哥伦比亚、澳大利亚、新西兰

9-12　　乌克兰、德国

13-16　　荷兰、俄罗斯

17-20　　日本、中国

1	2	3	4
5	6	7	8
9	10	11	12
13	14	15	16
17	18	19	20

不同色系大岩桐花冠

2. 花冠筒特征分析

不同地域大岩桐花喉直径以钟形花冠最大（3.22厘米），日本花喉直径最为突出（3.81厘米），但三种类型的花喉直径差异并不显著；不同花姿类型比较中，唇形花冠筒长度最长（5.09厘米），且与漏斗形、钟形差异显著。钟形花冠以顶生个体最多（61.2%），侧生个体次之（28.5%）；唇形花冠以下垂个体为主（98.1%），无顶生个体；漏斗形花冠的以下垂个体数量居多（47.6%），顶生个体数量占比23.2%，侧生个体数量占比29.2%。

表3 不同地域大岩桐花冠筒特征分析

来源	花喉直径（厘米）			花冠筒长度（厘米）			花姿（顶生／侧生／下垂，%）		
	钟形	唇形	漏斗形	钟形	唇形	漏斗形	钟形	唇形	漏斗形
1	3.01±1.24	2.41±1.24	0	5.01±1.24	4.91±1.88	0	47.6\32.4\20	0\8.2\91.8	0\0\0
2	2.88±0.96	2.88±0.96	3.16±0.98	4.88±0.96	5.11±0.24	4.67±0.18	50.8\33.4\15.8	0\6.8\93.2	0\29.6\70.4
3	2.77±1.05	2.77±1.05	2.98±0.87	4.77±0.65	4.84±0.54	4.58±1.07	52.4\36.7\10.9	0\3.2\97.8	35.3\26.8\37.9
4	3.24±1.56	3.24±1.56	2.88±0.56	5.24±0.56	5.26±0.68	4.69±0.56	55.3\28.4\16.3	0\2.4\97.6	17.8\33.6\49.1
5	3.12±0.25	3.12±0.25	3.01±0.12	4.42±1.25	5.16±0.13	5.01±0.12	58.5\33.6\7.9	0\0\100	24.5\21.8\53.7
6	3.39±1.14	3.09±1.14	0	4.41±0.14	5.34±1.26	0	67.9\24.8\7.3	0\0\100	0\0\0
7	3.14±0.56	3.14±0.56	0	4.44±0.56	4.96±0.78	0	71.2\26.1\2.7	0\0\100	0\0\0
8	3.15±0.89	3.15±0.89	0	5.25±0.09	5.12±0.56	0	63.1\24.1\12.8	0\0\100	0\0\0
9	3.81±1.22	3.81±1.22	3.20±1.02	4.21±0.22	0	5.06±0.13	69.2\29.1\1.7	0\0\100	33.1\23.6\43.3
10	3.25±1.11	3.25±1.11	2.97±1.18	4.55±0.11	0	4.84±1.26	65.6\22.8\11.6	0\0\100	19.6\35.6\44.8
11	3.21±0.88	3.21±0.88	3.21±0.56	4.51±0.18	0	4.86±0.78	70.1\22.1\7.8	0\0\100	32.1\33.2\34.7
汇总	3.22±0.45	3.09±0.76	3.02±0.96	4.96±0.96	5.09±2.12	4.81±0.56	61.2\28.5\10.3	0\1.9\98.1	23.2\29.2\47.6

3. 花冠和花姿遗传特征分析

一般配合力（GCA）主要由基因的加性效应所决定，是衡量基因加性效应大小的一个指标。当一个亲本在某一性状上的一般配合力效应值较高时，意味着该亲本的加性基因效应显著，其向后代传递这一性状的能力强，且该性状易于稳定遗传和固定。因此，选择一般配合力高的亲本，有望使其在所配制的杂交组合中对该性状产生显著的影响。相比之下，特殊配合力（SCA）则是由基因的显性效应和上位性效应共同决定的，它主要受基因的非加性效应控制，即受到基因的显性和上位性效应的影响。通常而言，在挑选优质的育种材料时，应优先考虑一般配合力表现优异且特殊配合力良好的个体，以确保其综合性能达到最佳。

由不同花冠性状配合力效应值分析可知（表4），白色个体中，唇形（−7.81，−3.44）

和钟形（−18.7，−3.24）配合力效应值较低，花姿类型以顶生（10.12，3.21）配合力效应值较高，下垂（−15.12，−6.21）配合力效应值较低；黑色个体中，钟形（4.84，2.34）和顶生（17.62，5.23）配合力效应值较高；蓝色个体中，以钟形（−22.37，−9.66）配合力效应值较低，花姿类型以顶生（−12.87，−4.03）和侧生（−4.55，−1.17）配合力效应值较低；紫色、红色和粉色在 3 种（唇形、漏斗形、钟形）花冠类型、3 种花姿（顶生、侧生、下垂）类型的配合力均较强。

表 4　不同花冠性状配合力效应值分析

花冠颜色	花冠类型						花姿类型					
	唇形		漏斗形		钟形		顶生		侧生		下垂	
	GCA(%)	SCA(%)	GCA(%)	SCA(%)	GCA(%)	SCA(%)	GCA(%)	SCA(%)	GCA(%)	SCA(%)	GCA(%)	SCA(%)
白色	−7.81	−3.44	−0.87	−0.43	−18.7	−3.24	10.12	3.21	−4.56	−0.86	−15.12	−6.21
粉色	4.03	3.79	4.07	1.63	12.03	9.12	14.23	1.12	11.22	0.52	0.56	1.12
黑色	—	—	0.36	0.26	4.84	2.34	5.21	3.25	1.52	−2.15	—	—
红色	5.74	4.17	3.12	1.16	15.62	11.56	17.62	5.23	8.66	4.85	2.23	1.01
蓝色	−0.17	−0.07	−0.67	−0.55	−22.37	−9.66	−12.87	−4.03	−4.55	−1.17	−0.56	−1.01
紫色	6.43	7.12	4.12	1.23	27.43	15.12	21.11	16.32	6.34	5.12	3.56	1.32

　　遗传力是进行选择育种时的关键指标。遗传力高意味着该性状由亲代传递给子代的能力强，受环境因素的影响较小，因此早期选择的效果较好；相反，遗传力低则表明该性状容易受到环境波动的影响，对其进行早期选择的效果不佳。在广泛的育种实践中，通常区分广义遗传力（Hb²）和狭义遗传力（Hn²），两者之间的差异往往较大。狭义遗传力的数值范围在 0 ~ 1 之间，一般习惯上将小于 0.2 的视为低或弱遗传力，0.2 ~ 0.5 之间视为中等或中度遗传力，而大于 0.5 的则被认为是高遗传力。

表 5　不同花冠和花姿大岩桐遗传力分析

花冠颜色	花冠类型						花姿类型					
	唇形		漏斗形		钟形		顶生		侧生		下垂	
	Hb²(%)	Hn²(%)	Hb²(%)	Hn²(%)	Hb²(%)	Hn²(%)	Hb²(%)	Hn²(%)	Hb²(%)	Hn²(%)	Hb²(%)	Hn²(%)
白色	51.73	49.62	84.39	27.65	76.09	50.89	87.36	39.61	76.09	28.89	67.43	51.23
粉色	76.38	51.22	67.43	48.78	116.67	73.00	97.51	49.78	116.67	73.00	68.48	61.20
黑色	—	—	68.48	11.23	121.85	44.03	76.09	41.23	121.85	18.89	—	—
红色	71.73	55.68	84.1	61.2	127.81	66.10	126.67	73.00	107.81	66.10	82.67	59.49
蓝色	62.72	15.78	42.67	14.38	120.21	51.02	121.85	84.03	80.21	40.00	85.09	22.31
紫色	75.23	67.45	85.09	59.49	76.09	58.89	127.81	76.10	76.09	58.89	74.48	51.23

不同类型花冠和花姿类型遗传特征分析如表4，白色个体以钟形（76.09，50.89）、下垂（67.43，51.23）的遗传力最高；黑色个体以钟形（121.85，44.03）、顶生（76.09，41.23）最高；蓝色个体以钟形（120.21，51.02）、顶生（121.85，84.03）最高；紫色、红色、粉色个体在3种花冠类型（唇形、漏斗形、钟形）及3种花姿类型（顶生、侧生、下垂）的遗传力均较高。按照花色广义遗传力（Hb^2）排名为红色＞蓝色＞紫色＞粉色＞白色＞黑色；狭义遗传力（Hn^2）排名紫色＞红色＞粉色＞白色＞蓝色＞黑色。

综合表4和表5可知：对遗传性状的一般配合力和狭义遗传力分析上，白色个体以钟形、下垂，黑色以个体钟形、顶生，蓝色个体以钟形、顶生遗传力较高。紫色、红色个体在3种花冠类型（唇形、漏斗形、钟形）及3种花姿类型（顶生、侧生、下垂）中，遗传力均较高；粉色个体在漏斗形和钟形，以及顶生和侧生中，均保持较高的遗传力。

第二章
栽培种介绍

Sinningia

Speciosa

一、不同花冠裂片颜色的大岩桐

白色

1. 麻喉白瓣

一般花冠裂片和花喉颜色一致，均为白色，花喉底部分布不规则或者规则的麻点，麻点颜色多为紫色、黑色；株型紧凑；花朵对生或者三朵簇生，也有顶生；叶片呈绿色、黄绿色、油绿色，常对生，表面覆毛或无毛，表面平滑或者隆起，圆形、矩圆形、椭圆形、卵形，叶尖多为急尖、凸尖、圆钝、圆形，叶缘全缘、钝齿或锯齿，叶基渐狭、下延、圆钝或圆形。叶柄长度也因品种不同而不同，通常为绿色。

白花大岩桐自育品种多为单瓣，如 D8 白单 B、单 78＃ 白麻单以及 BT 白玫瑰等。重瓣个体多为引进品种，如 BM2 Trump Tender、BM4 EH-Па，随着生长，其白色花喉会逐渐变成黄喉，并带有麻点。BM1 麻 Article de Luxe（麻点白重）、单 78＃ 白麻单的花瓣上有少量不规则紫色麻点，重瓣个体花均为顶生，叶片均较大，油绿色或绿色，叶片特脆。包装运输需先控水，基质稍干，使叶片发软，用带孔塑料袋从底部小心往上套，以减少包装损耗。浇水用浸水法，切忌叶片带水过夜，浇水时水温要与气温相近，切忌冷水浇灌。

2. 白瓣白喉

一般花冠裂片和花喉颜色一致，均为白色。株型有散生和聚生，花型有单瓣和重瓣，种球以单瓣个体较重瓣个体大，须根数量上两者并无差别；叶片大小各异，呈椭圆形，叶柄长短各异。笔者收集的材料中除了 B10 Mini Bunny（侧生迷你）、B11 Little Fresh（奶白色），以及 B2 White Jade（白玉）外，其他材料的叶片均覆有一层茸毛。

单瓣花的花冠筒有长筒、短筒之分，其着生方式有侧生和顶生两种，花冠筒形状有鱼肚形、圆锥形等，花冠筒外壁有光滑和有棱角之分；花冠筒除个别外侧为浅粉色外，大多花冠筒里外均为白色；花冠呈漏斗形、钟形、唇形，其中，唇形花冠上唇和下唇均为白色；瓣缘有褶皱或无褶皱，瓣缘形状有圆弧形和曲线形；花梗长度无明显差别；花姿有顶生、侧生和下垂，目前笔者收集的单瓣花个体中无香味型个体。单瓣花的花期因类型不同而长短各异，一般表现顶生型花期较长，株型多簇生，花芽较多。

重瓣花的花冠筒均为顶生短筒，花冠筒为阔钟形，来自俄乌大岩桐系列的 B14 EH-Антарктида 花冠筒外壁有明显线条，外壁底部呈蓝紫色，花冠裂片上点缀着紫色酒窝点，其他材料花冠筒里外均为白色，部分花冠筒会因为开花时间较长而变成浅黄色。重瓣花瓣的内轮和外轮均为白色，且花瓣的瓣缘有褶皱，有雌雄蕊瓣化现象。花姿有顶生和侧生两类，重瓣个体花期较单瓣个体花期长，但是重瓣个体均无香味，株型多散生。

粉色

1. 粉红色

粉红色系的色彩范围为 Red-purple Group N57 中的 Vivid Purplish Red A-D，花色深浅会随着光照、温度以及土壤条件有所变化。笔者收集的粉红色大岩桐有自育单瓣杂交组合 3 个，其花冠裂片 6 片，属于原叶型大岩桐，其余为重瓣个体。其中，仅自育杂交组合 C24 幻彩粉重 A 的花冠裂片无麻点，其余花冠裂片均有麻点，麻点颜色有深紫色、黑色、深粉色，部分花冠裂片有条纹或者蜜导线，也有花冠裂片颜色呈斑驳状，如 F7 Rose's Mobile Star，花冠裂片有红色条纹，色彩鲜艳美丽。瓣缘有褶皱或无褶皱，形状为圆弧形、曲线形、尖形；花冠多为漏斗形，花萼离生。

除了 F2 Morning Purple（晨紫）叶片呈紫色外，D56 麻粉 B 和 D56 麻粉 C 叶片呈浅绿色，叶片观赏价值较高，其他粉色大岩桐材料叶片多为绿色、深绿色并附有茸毛，叶片均较大，叶片凹凸不平或平滑，叶片呈椭圆形、卵形居多，对生，叶缘全缘、钝齿，叶尖呈急尖、凸尖、圆钝，叶基呈渐狭、下延、圆钝，叶柄颜色为绿色、浅绿色、褐色，且长短不一。

整个粉红色系大岩桐中，花顶生或侧生，大多重瓣个体为粗茎型，花冠筒均为短筒，花冠裂片为粉红色，部分具有白色边缘，或者花冠内部为白色带有粉色麻点，或者花冠呈内外深浅不等的粉红色，花冠圆锥形，内外壁均光滑，部分雄蕊瓣化。花喉颜色不同，但是大多数粉红色大岩桐花喉多带有麻点，麻点大小不同，分布不规则。花期各不相同，可覆盖全年。重瓣个体花期为 10～12 天，花芽数量为 1～5 个。粉红色大岩桐植株均无香味。

2. 粉紫色

笔者收集的粉紫色大岩桐均为重瓣个体，粉紫色大岩桐的色系范围为 Red-purple Group 63 中的 Strong Purplish Red A、Vivid Purplish Red B、Deep Purplish Pink C、Strong Purplish Pink D。F13 Sweet Dreams（甜梦）、F15 Сансара 和 F23 Elegant（优雅）这 3 个品种的花冠具斑驳性状，其余材料的花冠均有麻点，雌雄蕊外露或不外露，雄蕊瓣化较多。

从整个花的着生位置来看，F5 EK-лилуша、F13 Sweet Dreams（甜梦）、F22 Sweet Dreams（甜梦）、F4 AO-Винтаж（年份）为侧生，其余材料为顶生，所有植株均为粗茎型，植株高度不同，多数花芽对生，成对开花，单株开花数目为 4 ~ 8 朵。粉紫色大岩桐材料中以俄乌大岩桐居多，花期持续时间为 12 ~ 15 天，甚至更长。

粉紫色大岩桐叶片多为深绿色、绿色，叶片呈圆形、矩圆形、椭圆形、卵形，叶片 8 ~ 14 片，叶尖呈急尖、凸尖，叶缘钝齿、锯齿，叶基呈渐狭、下延等，叶基对称。叶片表面大多被茸毛，叶脉有粗有细，叶柄长短不一，叶柄颜色有褐色、紫色和绿色。

花冠颜色有以下几种组成形式：第一种花冠边缘粉紫色，内部白色，花冠上有粉紫色麻点，如 F8 HT-Саломея（萨罗）、F19 Amlet、D1 重瓣麻点杂交；第二种花冠上有粉紫色麻点并伴有色晕，导致整个花冠裂片呈现不均匀的紫色，如 F15 Сансара、F18 Seahorses、F21 Cheese Cone（奶酪筒）、F23 Elegant（优雅）；第三种花冠裂片边缘为白色，内部为粉紫色，如 C49 红重麻 B、D1 重瓣麻点杂交、F14 EH-Поплин（府绸）；第四种花喉内部和花冠裂片具有蜜导线，花色深浅相间，如 D1 重瓣麻点杂交以及 F8 HT-Саломея（萨罗）。粉紫色大岩桐大多数花色会随着环境略有变化。

3. 亮粉色

笔者收集的亮粉色大岩桐材料，除了自育品种 D1 粉麻单 E、D1 粉麻单 V 为单瓣个体外，其余材料均为重瓣个体。重瓣个体大多为引进的育种材料，除 F8 Pink Glamour 外，重瓣个体大多花冠裂片有深粉色边缘。颜色范围为 Red-purple Group 62 中的 Strong Purplish Pink A、Moderate Purplish Pink B，以及 Red-purple Group 65 中的 Moderate Purplish Pink A 和 Light Purplish Pink B。亮粉色大岩桐的花朵颜色鲜亮，整个花色看起来饱满、耐看。球根大小较为一致，喜温、喜光，花为顶生。植株较高，叶片较肥大，叶片呈圆形、矩圆形、椭圆形居多；重瓣个体叶脉一般较粗，叶片颜色呈绿色、深绿色、浅绿色或紫色，紫色叶片的品种有 F5 EH-Фисанта、F3 EH-Изюминка，部分紫色叶片表面凹凸不平。叶尖呈急尖、凸尖，叶基呈渐狭、下延、圆形。叶片数量以 8 ~ 10 片居多，对生。幼嫩叶片初期表面具有茸毛，随着生长茸毛渐渐消失。叶柄颜色为褐色和绿色，叶柄长短不一。

花萼以绿色、浅绿色居多。花冠筒均为短筒、圆锥形，内外颜色不一。花喉有白色、黄色、粉色，花喉有麻点或无麻点，麻点颜色有黑色、粉色。F5 EH-Фисанта、F4 Магия 有浅条纹蜜导线，其檐部（花瓣和花喉交界处）颜色不太明显；F8 Pink Glamour（粉魅）花冠边缘为白色，向内粉色颜色逐步加深。F3 EH-Изюминка、F4 EH-Фисанта、F6 HT-Пелагея（佩拉加）、F7 CAT-Сахарная Пудра（糖粉）、F10 Pink Murat（粉色米拉）等有雄蕊瓣化现象。亮粉色大岩桐花冠裂片数量较多，内外轮花冠裂片大小、颜色均相似，瓣缘有褶皱或无褶皱，瓣缘呈圆弧形或曲线形。单瓣个体单株花量为 20～30 朵，花期为 5～7 天；重瓣个体单株花量为 6～10 朵，花期为 10～12 天。花顶生，所有个体开花均无香味。

花冠颜色有以下几种组成形式：第一种为白色带有粉色麻点，第二种为粉色带白色麻点，第三种为粉色从内向外渐变为白色，第四种为粉色从内向外逐步加深。

4. 浅粉色

浅粉色大岩桐给人带来甜美、温柔、纯真、娇嫩的感觉。浅粉色在中国消费群体中是比较受欢迎的颜色，也是少女色的代名词。浅粉色的色彩范围为 Red-group 56 中的 Pale Purplish Pink A-D 以及 Red-puprple Group 69 A-C，笔者收集的所有浅粉色材料中，单瓣个体为 4 个，重瓣个体为 15 个，株型聚生或散生，除了 C2 粉重麻 C Rokoko Pink（粉红洛可可）、F1 EH-Сады Версаля 以及自育杂交组合 C23 粉重麻 W 单株花芽数量在 4～8 个以外，其余个体的花芽数量均为 8～20 个，甚至更多，这与水肥管理条件有直接关系。重瓣个体株型有高矮之分，有粗茎和细茎两种，而单瓣个体以细茎居多。其中 F7 Mysterious Series（神秘系列）个体出现较早，重瓣个体，株型较矮，花柄和叶柄较短，易发生叶片腐烂和各种病虫害。

浅粉色大岩桐叶片为绿色、黄绿色、油绿色，叶片表面覆毛或无毛，叶片表面平滑或隆起，叶片呈圆形、矩圆形、椭圆形、卵形，叶常对生，叶尖呈急尖、凸尖、圆钝、圆形，叶缘全缘、钝齿或锯齿，叶基渐狭、下延、圆钝、圆形，叶柄长度也因品种不同而不同，叶柄通常为绿色、浅绿色。

除 F5 粉瓣白边的花侧生外，其余个体花顶生。大部分重瓣个体有雄蕊瓣化现象。所有浅粉色大岩桐个体花冠筒均为短筒，呈圆锥形，花冠筒内外壁颜色有不同，花萼为离片花萼或合片花萼。除自育杂交组合 C28 粉重麻 H、C28 幻彩粉重麻 A、D1、单 165# 粉麻单为白色花喉，其余个体均为粉色花喉。F10 Fairy Powder Series（仙女粉系列）、C28 粉重麻 C、C28 幻彩粉 F、D22、D33、F11 沾染粉色变异的花喉均无麻点，其他个体均有麻点，麻点有粉色、紫色等颜色，麻点大小不一。C2 粉重麻 C Rokoko Pink、C28 粉重麻 H、F1 EH-Сады Версаля 等个体的花喉均有蜜导线。

花冠颜色有以下 5 种组成形式：第一种为纯粉色，如 F10 Fairy Powder Series（仙女粉系列），第二种瓣缘为白色，颜色向内渐变为粉色，如 F9 Dream Pink（梦中粉色），第三种瓣缘为粉色，颜色向内渐变为白色，并伴有麻点，如 C2 粉重麻 C Rokoko Pink（粉红洛可可）；第四种为粉色花冠裂片内部有白色斑驳，如 F6 粉麻单 1、C28 幻彩粉重麻 A。第五种为花冠檐部颜色加深，出现典型酒窝点，如 D1 和 F1 EH-Сады Версаля。

5. 深粉色

深粉色大岩桐是粉色系中比较受中国人欢迎的颜色，深粉色给人喜悦的感觉，其颜色范围为 Red-Purple Group 66 中的 Vivid Purplish Pink A、Vivid Purplish Pink B、Deep Purplish Pink C、Deep Purplish Pink D，这种颜色受外界环境影响不大。笔者收集的所有深粉色大岩桐材料中，除 F4 Pink Glamour（粉魅）、F7 Murat（米拉）、莫岩大岩桐 3 号、F3 Ruby Necklace（红宝石项链）的花喉为白色外，其余个体花喉均为粉色、浅粉色。

笔者收集的深粉色大岩桐材料中，除了 D6 Priceless Luxury（无价的奢华）、F8 深粉麻点民间的花侧生外，其余深粉色大岩桐个体均为顶生，除了 F3 Ruby Necklace（红宝石项链）、F8 深粉麻点民间、F9 Flower God Series（花神系列）为单瓣个体，其余深粉色大岩桐个体均为重瓣个体。深粉色大岩桐株高 25～35 厘米，株型较紧凑。叶片数量 10～14 片，对生，叶片颜色有黄绿色、紫绿色、油绿色、深绿色，叶柄长短不一，叶脉均为浅绿色。叶片大小不一，有大叶型和小叶型个体。叶尖呈急尖、凸尖、圆钝、圆形，叶缘多为钝齿、锯齿，叶基呈渐狭、下延、圆钝、圆形，叶柄颜色以绿色和浅绿色居多。

深粉色大岩桐花冠筒均为短筒阔钟形，内外筒壁颜色不同。C2 俄乌粉重麻 Fancy Ball、C49 粉重麻 A Orleans（奥尔良）、D6 Priceless Luxury（无价的奢华）、C21 红重麻 H 的花冠筒外壁颜色为白色，其余个体外壁均为粉色、浅粉色等。花冠筒外壁有光滑和有棱角之分。其中，C2 俄乌粉重麻 Fancy Ball、F9 Flower God Series（花神系列）、F8 民间深粉麻点、F1 EH-Пассионале 等花冠筒内壁具有蜜导线。所有个体檐部颜色并不突出，大多花梗长短不一，花梗以绿色或者浅绿色居多。

花冠颜色有 3 种组成形式：第一种花冠深粉色，即花冠裂片及花喉均为深粉色如 C21 红重麻 H、C24 幻彩粉重 B、C2 俄乌粉重麻 Fancy Ball；第二种花冠裂片深粉色，边缘具有白边，花喉为深粉色，如 C49 粉重麻 A Orleans（奥尔良）、C21 白边红重麻 F、C49 粉重麻；第三种花冠边缘为深粉色，内部为白色但带有深粉色麻点。如 F7 Murat（米拉）、F3 Ruby Necklace（红宝石项链）。花瓣单瓣或重瓣，瓣缘有褶皱或无褶皱，瓣缘呈圆弧形、曲线形。部分重瓣个体有雄蕊瓣化现象，部分个体雌雄蕊不外露。所有个体均无香味。

单瓣个体的花期为 7～14 天，重瓣个体的花期为 10～16 天。花春、秋季开放，开放时间为 2.0～2.5 个月。花色鲜艳，容易招引蚊虫，病虫害较多。

6. 正粉色

正粉色色系范围为 Red Group 54 中的 Deep Purplish Pink B、Strong Pink C、Moderate Purplish Pink D，Red Group 55 中　的 Deep Purplish Pink A、Strong Purplish Pink B、Light

Purplish Pink C。正粉色大岩桐植株高矮各有不同，粗、细茎型均有，所有花芽几乎都是对生。笔者收集的正粉色大岩桐材料中，除了 C24 幻彩粉重 B 和 C24 炫彩粉重 A 两个花冠无麻点外，其他个体的花冠上均有麻点存在。大多数粉色大岩桐花顶生，其中 C23 粉红重麻 E 为侧生。所有正粉色大岩桐耐阴、不喜光、耐低温，也可在喜温和喜光的条件下生长。大多数个体开两次花，分别为 4 ～ 7 月和 9 ～ 11 月，部分个体可全年开花。

正粉色大岩桐叶片呈绿色、浅绿色、黄绿色，叶柄长短不一，叶脉颜色均较浅。幼小叶片茸毛较多，随着叶片成熟，表面茸毛逐步减少，除 D2 粉麻单 N、D56 粉麻单瓣 Murat（米拉）成熟植株叶片茸毛较多外，其余个体叶片在成熟过程中茸毛逐步减少，有的甚至会消失。叶片呈圆形、矩圆形、椭圆形、卵形，叶片数量 10 ～ 16 片，叶片长度、宽度以及厚度因品种不同而不同。叶尖呈急尖、凸尖、圆钝、圆形，叶缘呈全缘、钝齿、锯齿。叶基呈渐狭、下延、圆钝、圆形。叶柄长短和粗细因品种不同而有差别，颜色多为浅绿色、绿色。单瓣个体花芽数量为 3 ～ 5 个，重瓣个体为 1 ～ 2 个。

正粉色大岩桐花梗颜色为绿色和浅绿色，花萼为离片花萼，重瓣花萼宽度较宽，单瓣花萼长度稍短，单瓣个体偶尔有花萼瓣化现象。花冠筒为短筒，圆锥形，花冠筒内外壁颜色有差异，其中，C24 幻彩粉重 B、C28 粉重麻 E Sharm（沙姆）的花冠筒内部带有棱角，C23 粉重麻 I、D56 粉麻单瓣 Murat（米拉）的外筒颜色为白色，其余个体的外筒颜色均呈粉色。一般单瓣个体花喉比重瓣个体大，花喉颜色以白色和粉色为主，均有不同大小和不同颜色的麻点。其中，D2 粉麻单 C、D2 粉麻单 N、D12 粉麻单 B、D47 红麻单 P 均有蜜导线，檐部颜色较为突出。

正粉色花冠颜色组成形式有以下 3 种：第一种颜色从花冠最外围的白边逐渐向内变成正粉色，如 C2 粉重麻 F Shiffon Pearl、C23 粉重麻 I、C24 炫彩粉重 A、C23 粉红重麻 E 以及 D2 粉麻单系列；第二种花冠最外围颜色为正粉色，由外向内颜色逐步变浅，如 C28 粉重麻 E Sharm（沙姆）、D56 粉麻单瓣 Murat（米拉）等；第三种花冠裂片正粉色且较为均匀，而花喉颜色有逐步加深的特点，如 C24 幻彩粉重 B。

笔者收集的所有正粉色大岩桐材料中，除了 C28 粉重麻 E Sharm（沙姆）外，其余重瓣个体均有雄蕊瓣化现象，瓣缘有褶皱或无褶皱，形状为圆弧形或曲线形，花冠裂片大小均有差别。春季和秋季各开花一次，温度适中时，冬季也可开花，所有正粉色大岩桐开花均无香味。

黑色

黑色大岩桐是最近几年才出现的品类，它们一般是从蓝紫色个体逐步通过回交和杂交的形式转化而来，色系范围为 Ruprle Group N79 中的 Dark Purplish Red A、B、C，Dark Purple A、B、C、D，以及 Rurple Group N77 中的 Greyish Purple A。

黑色大岩桐植株均为粗茎型，花顶生，植株高矮不同，重瓣个体多为散生，而单瓣个体多为聚生。苗期时间略长，花期较短。在西南地区，黑色大岩桐在盛夏（7～8月）均有休眠的习性，喜温、喜光条件下长势很好，但是不能忍受过多的阳光直射。植物茎的颜色为绿色、紫色等较深的颜色。

黑色大岩桐叶片平滑或隆起，叶片为绿色、深绿色或紫绿色，叶片对生，呈圆形、矩圆形、椭圆形、卵形，叶片数量以 8～10 片居多。叶片长短和厚度各有不同，叶片较大者厚度均较厚。叶尖呈凸尖、圆钝、圆形，叶缘呈全缘、钝齿、锯齿，叶基呈渐狭、下延、圆钝。幼嫩叶片茸毛较多，成熟叶片茸毛逐步减少。叶脉颜色较浅，不明显，灰色和褐色居多。叶柄长短不一，绿色、褐色较多。

笔者收集的黑色大岩桐材料中，除了 H10 Sakata 15（板田系列 15 号）花芽较多，其余黑色大岩桐花芽数量普遍较少。花梗长短不一，颜色有绿色、褐色、浅褐色等。花萼多为离片花萼，花冠筒多为短筒，圆锥形，花冠筒内外壁均比较光滑。其中 H3 EH-Орган3a、H2 EH-Черный Кардинал、H1 EH-Малика、H11 Dark Magic（紫魔幻）花喉内部有蜜导线，内外筒颜色差异较大。除了 D4 深紫麻彩虹 H 为白喉，花冠筒外侧为白色，其余黑色个体的花冠筒外部颜色均呈现浅紫色或浅蓝紫色。花冠筒直径大小不一，单瓣个体比重瓣个体直径大。H12 Purple Air Comes from the East（紫气东来单瓣）、H13 Purple Air Comes from the East（紫气东来半重瓣）、H14 Purple Air Comes from the East（紫气东来重瓣）、C10 深紫重 G、H6 Black Roses（黑玫瑰）等个体为白喉外，其余个体全部为麻喉，花喉颜色深浅不一。

花冠颜色主要有 3 种组成形式：第一种花冠边缘淡紫色逐步向内变成黑紫色，如 C10 深紫重 G；第二种花冠边缘黑紫色向内颜色逐渐变浅，如 H11 Dark Magic（紫魔幻）；第三种花冠由黑紫色麻点和条纹组成。重瓣个体有雄蕊瓣化现象，瓣缘有褶皱或无褶皱，瓣缘呈圆弧形或曲线形，单瓣花开花时间 7～10 天，重瓣花开花时间 10～15 天，花顶生或侧生。所有黑色大岩桐开花无香气，花冠颜色会因温度和光照条件变化而变化。

红色

1. 橘红色

橘红色大岩桐花朵颜色比罂粟花或红辣椒色黄且淡。橘红色鲜艳而醒目，代表富贵吉祥。橘红色色系范围为 Red Group 40 中的 Vivid Reddish Orange A、Vivid Reddish Orange

B、Vivid Reddish Orange C；Red Group 41 中的 Vivid Reddish Orange A、Strong Reddish Red B、Moderate Reddish Orange C、Deep Yellowish Pink D，Red Group 42 中的 Vivid Reddish Orange A、Strong Reddish Orange B、Strong Reddish Orange C、Moderate Reddish Orange D，以及 Red Group 43 中的 Vivid Reddish Orange A、Vivid Reddish Orange B、Vivid Reddish Orange C。除了 H8 Sakata 12 之外，所有的橘红色新品以重瓣个体居多。其中，H7 Red Sweet Dreams 和 H8 Sakata 12 以及早期从瑞士引入的个体 H7 Switzerland 花开成簇，叶片遇水容易霉烂，叶片茸毛较多，抗旱性和抗冻性均较弱。大多数橘红色大岩桐花芽均成对存在，所有新品表现为株型巨大，叶片肥大，在阴暗少光的环境下长势均较好。

橘红色大岩桐株高 25～35 厘米，大多数为粗茎型。叶柄均较长，叶片大小层次分明。叶面为浅绿色、绿色，叶背为浅绿色、紫色等。其中，H1 ВИ-Доминика（多米尼加）、H9 Carmine（胭脂红）的叶背和花蕾带有紫色，叶梗也呈现紫色。叶片平滑或隆起，较为有质感，多为矩圆形、椭圆形、卵形，叶片数量 8～12 片。叶片较大，长度 10～13 厘米，宽度 6～8 厘米。叶尖呈急尖、凸尖、卵圆形，叶缘呈全缘、圆锯齿，叶基呈渐狭、下延，叶基对称。幼叶茸毛较多，后期逐渐消失，叶脉较细呈灰色，叶柄粗细均有差异。叶片内部的单瓣花较多，重瓣花较少。

橘红色大岩桐花冠颜色有 3 种组成形式：第一种花冠边缘白色，内部橘红色，如 C24 幻彩红重 F、C23 红重麻 H、H7 Switzerland；第二种花冠边缘橘红色，内部为橘红色麻点，如 H1 ВИ-Доминика（多米尼加）、H2 Премьера（首演）、H3 САТ-Клубничный Ликер（草莓酒）、H4 Сударушка、H9 Carmine（胭脂红）；第三种花冠为橘红色，而花喉呈现白色或者深色，如 D42 阿瓦迪红单 C、D42 阿瓦迪红单 B，以及 H8 Sakata 12（板田系列 12 号）。

橘红色大岩桐花侧生或顶生，花冠筒均呈宽钟形，花冠筒内外壁颜色均不同，如 C23 红重麻 H、H4 Сударушка（斯布图什卡）花冠筒外壁为白色或者乳白色，内壁为浅红色。重瓣个体 C23 红重麻 H、C24 幻彩红重 F、H1 ВИ-Доминика（多米尼加）、H2 Премьера（首演）有雄蕊瓣化现象，H5 Flying Saucer（飞碟）个体花瓣的边缘呈现波纹状，H4 Сударушка（斯布图什卡）、H6 The Dance of the Windmill、H9 Carmine（胭脂红）、H7 Red Sweet Dreams（红甜梦）等瓣缘呈圆弧形，其余个体瓣缘均呈曲线形。一般温度在 40℃以上或 10℃以下，个体就会进入休眠。橘红色花期在 4～11 月，个体之间均不相同。

2. 玫红色

玫红色是中国市场上最受欢迎的大岩桐色系，玫红色是一种非常鲜艳的颜色，能够给女性带来梦幻的感觉，象征着典雅和明快。玫红色的色系范围为 Red Group 50 的 Strong Purplish Red A、Deep Purplish Pink B，Red Group 51 中的 Strong Purplish Red A、Deep Purplish Pink B，Red Group 47 中的 Moderate Red A、Strong Red B、Deep Yellowish Pink C、

Deep Pink D。

玫红色大岩桐有单瓣和重瓣之分，单瓣个体多为自育的杂交组合，重瓣个体多为引进个体，其中重瓣炫彩系列是自育的品系。大多数玫红色大岩桐个体花顶生，开花成簇、单个或者成对。单瓣和重瓣个体的种球大小相差不大，其主茎常为深绿、浅绿或浅紫色，茎长度因基因型不同而长短不同。玫红色大岩桐花期差别大，开花时间从 4 ~ 7 月到 9 ~ 12月，甚至翌年春节仍然有开花个体存在。玫红色大岩桐喜温、喜散射光，不喜强光。

玫红色大岩桐叶片深绿色、浅绿色、黄绿色、紫色，叶片表面平滑或隆起，叶脉深浅不一，叶缘形状各异。其中，C40 红重麻 A、H2 EH-Светскаяльвица 的叶脉较粗。在笔者收集的玫红色大岩桐材料中，除自育杂交组合 C20 玫红重 A 叶片稍小外，其余重瓣个体叶片均较肥大，需水量均较高。叶片数量 8 ~ 12 片，分枝较多，叶片形状为圆形、矩圆形、椭圆形、卵形，叶尖呈急尖、凸尖、圆钝、圆形，叶缘呈全缘、钝锯齿、锐锯齿，叶基呈渐狭、下延、圆钝、圆形，叶对生。除俄乌系列的 H8 ВИ-Саманта（萨曼莎）、H21 Red Etude（红色练习曲）、H5 EH-Орган3а、H20 玫红色白喉的成熟叶片茸毛较多外，其余个体随着成熟，茸毛逐渐消失。叶柄长短不一，颜色有紫色、绿色、白色，叶柄粗细各有不同。

花冠颜色有以下 4 种组成形式：第一种花冠边缘为玫红色，颜色向内逐步变成白色，如 H5 EH-Органи3а、C40 红重麻 A 等；第二种花冠裂片颜色为玫红色，但是花喉颜色为白色或者其他颜色，这种类型在笔者收集的玫红色大岩桐材料中占多数；第三种花冠颜色为深浅不一的玫红色，被称为炫彩系列，如 C24 幻彩红重 A；第四种花冠为白色或者玫红色，上面布有玫红色麻点，整个花冠看上去玫红色明显，如 D3 红麻彩虹 B。

花喉颜色各不相同，C20 玫红重 A、C24 幻彩红重 D、C27 粉重、H16 Bluesky、H22 Brocade Flowers Series（锦花系列）、H11 EH-Спелый Грейпфрут、H9 EH-Аквитани、H3 EH-Спелыйгрейпфрут 和 H27 Dance Skirts 的花喉颜色与花冠颜色相同或者相近，其他个体的花喉均为白色，且花喉内部有紫色、粉色或黑色麻点，H8 ВИ-Саманта（萨曼莎）、H28 Priceless Luxury、H4 EH-ОрлеанскаяДева、H6 EH-Витаминка、D48 玫红色报春色具有不同色彩的蜜导线，所有花冠筒均为阔钟形，花冠筒内外壁颜色不同，如 H28 Priceless Luxury、C40 红重麻 A 花冠筒内壁有棱角，其他个体内壁均较为光滑。

玫红色大岩桐花期多为一年两季，即春季和秋季。花芽少的花期较长，一般为15 ~ 20 天；花芽多的花期相对较短，一般为 8 ~ 10 天。玫红色大岩桐整个植株叶片肥厚，株型大小不一，是一种室内彰显富贵且较为流行的花卉。

3. 深红色

深红色带给人一种优雅、富饶、成熟、奢侈的感受，是在原有的红色基础上降低明度而成，比较容易制造深邃的氛围。深红色大岩桐由于花朵较大，与中国女士所喜爱的丝绒相似，有一种高贵典雅、成熟稳重的气质，适合在正式庄严的场合摆放。深红色花卉在我国中老年消费群体中比较受欢迎。

深红色色系范围为 Red Group N45 中的 Moderate Red A-D，Red Group 46 中的 Strong Red A、Vivid Red B、Vivid Red C、Deep Yellowish Pink D。深红色大岩桐自育个体以单瓣个体居多，重瓣个体系早期引入中国的 H23 Early Giant Series（巨早系列）、H21 Switzerland（瑞士）、H22 Tigrina（泰格里纳）与其他材料杂交而来，主要有 C20、C21、C23、C24、C27、C40 红重麻系列，所有自育个体均为顶生，粗、细茎均有，重瓣个体较适应本地气候条件，抗旱性和耐阴性更强。

笔者收集的所有深红色大岩桐外来个体中，俄乌系列较多，占整个深红色大岩桐系列的 50% 以上。3 个外来系列各具特色：美式系列叶片表面茸毛较少，叶柄较长，花期受高温天气影响较小，植株一般以直立型居多，茎秆长短各异；日本系列的 H20 Sakata 21（板田系列 21 号）株型较好，花朵一般成簇开放，花芽较多，茎秆较长；俄乌系列典型特点就是花大色艳，茎秆较粗，叶片茸毛较多，温度超过 40℃，种球和植株会休眠，植株有直立型、斜伸型、侧垂型，这与花朵轻重有直接关系。

所有深红色大岩桐花朵均为顶生，茎秆粗细各异，植株散生或聚生，花朵对生、单生或者簇生。18＃ 红单、43＃ 红单的叶面为浅绿色，其余个体叶面呈油绿色、深绿色，叶背多为浅绿色或者紫绿色。幼叶多附有茸毛，叶面凹凸不平。叶脉颜色有白色、灰色及浅紫色。叶对生，叶片呈矩圆形、椭圆形、卵形，叶片数量多为 8～12 片，叶片较为肥厚。叶柄较长，呈绿色、褐色。叶尖呈急尖、凸尖、圆钝。叶基呈渐狭、下延。

深红色大岩桐花芽数量各异，每个叶片处出现花芽数量 1～3 个，花梗颜色为褐色、绿色，花梗长短不一，花萼为离萼，萼片颜色为浅绿色、深绿色，部分花萼有瓣化现象，花冠筒多为圆锥形。笔者收集的深红色大岩桐材料中，除 H11 Лакшери（拉克谢里）、C23 红重麻 P、H3 EH-Танцыв Темноте 的花冠筒内壁有棱角外，其余花冠筒内壁均较光滑。花冠筒外壁颜色多为红色，除 H16 The Dream Summer（夏梦）外，花冠筒长短不一。

花喉颜色有白色、黄色和红色，白喉个体如 D47 红麻单 H、单 273＃ 白边红麻单、H4 НГ Кизомба（吴基宗巴）、H9 EH-Тома、H10 EH-Хатико、H14 CAT-Софиория（索菲奥里亚），黄喉个体如 H17 Red Windmill（红风车），其余个体多为红喉。H3 EH-Танцыв Темноте、H5 ВИ-Ульяна（尤莉）、H8 EH-Сладкий Плен（甜蜜的俘虏）、H11 Лакшери（拉克谢里）、H14 CAT-Софиория（索菲奥里亚）及自育组合单 300 红麻彩虹的花瓣具有蜜导线。

深红色大岩桐花冠颜色有 4 种组成形式：第一种花冠为深红色，这种纯色个体数量最多；第二种花冠边缘为深红色，内部由不同麻点和条纹组成，如 H4 НГ Кизомба（吴基宗巴）、H14 CAT-Софиория（索菲奥里亚）、H5 ВИ-Ульяна（尤莉）、H10 EH-Хатико、H17 Red

Windmill（红风车）等；第三种花冠为白色，上面布有大小不均的红色麻点，如 H18 The Red Hemp Jade Xia（红麻玉霞）、H7 EH-Рюшильда、H11 Лакшери（拉克谢里）；第四种花冠边缘由不同宽窄的白边，与深红色内部形成对比，如 H24 EH-Лакшери（包装壳）、单273# 白边红麻单等。

深红色大岩桐瓣缘多呈曲线形，H14 CAT-Софиория、H10 EH-Хатико 及自育组合单 D47 红麻单 H 瓣缘呈圆弧形。重瓣个体雄蕊瓣化现象较多，花冠裂片宽窄各不相同，花期因不同品种而异，单瓣个体花期 15 天左右，重瓣个体花期 7～15 天。深红色大岩桐花色受温度和光照影响，也存在花喉由白色变成黄色的现象。

4. 正红色

正红色是中国传统色，代表着吉祥、喜庆、火热、幸福，同时象征着豪放、斗志、革命等，正红色深受中国人喜爱，常用于婚嫁、搬迁等庆祝活动中。在国外，正红色大岩桐也非常受欢迎。正红色的色系范围为 Red Group 44 中的 Vivid Red B、Vivid Reddish Orange A，Red Group 45 中的 Vivid Red A-C 以及 Strong Red D，Red Group 47 中的 Moderate Red A、Strong Red B。

笔者收集的正红色大岩桐材料中，自育个体有 40 个，占整个正红色大岩桐材料的 60%，除 C44 红重麻 B、D43 红麻彩虹 B、D50D、D3 及其衍生个体的彩虹系列的花瓣上稍有麻点和条纹外，其余个体均为纯色。正红色大岩桐植株有直立型、斜伸型、侧垂型三种。簇生个体较多为细茎型，而对生和单生个体多为粗茎型。正红色大岩桐花期变化受不同品种影响较大，开花期从 4 月底到翌年 2 月均有不同品种开花，只要夏季温度不超过 45℃，冬季温度不低于 10℃，花均可开放，每朵花开花时间为 10～18 天，每个花期一般 2～3 个月。

正红色大岩桐花冠颜色主要有以下几种组成形式：第一种花冠裂片颜色为纯色，无麻点、条纹等特殊性状，表现为植株较矮，花柄较短，浇水过多容易引起烂根、烂叶等问题，因管理困难等问题难以得到大众认可，如 D42 Avanti 红单 A、D42 Avanti 红单 C、H35 Switzerland（瑞士）、H33 Glorious Series（辉煌系列）、H22 Early Giant Series（巨早系列）、H28 Emperor Frederick（弗雷德里克皇帝）等。后期改良品种 D35 The single dance of the windmill（单瓣风车之舞）、H32 Happy Day、H34 Red Velvet 表现为植株高度高，花梗长度增加，颜色纯正，开花时间较长，深受消费者欢迎；第二种花冠裂片上有宽窄不同的正红色花边形成的彩虹，如 H24 Анфиса（安菲萨）、H25 НГ-Быть Может（也许）、H18 CAT-Розалия（罗莎莉）等；第三种花冠裂片具白边，如 H3 EH-МерсиБоку、H6 EJ-РичардГир、H11 EH-Спелая Земляника、H26 EH-Княженика 等。

正红色大岩桐叶片一般为黄绿色、油绿色，株型较大，有大叶和小叶之分，叶多为对生。叶柄较长，颜色有浅绿色、灰绿色。叶片呈圆形、矩圆形、椭圆形、卵形。叶片多被茸毛，部分品种被毛数量较多。叶缘呈全缘、钝锯齿、锐锯齿。叶基呈渐狭、下延、圆钝、圆形。叶脉颜色呈浅灰色、黄绿色。

蓝色

蓝色是大岩桐最早出现的花色，这个花色在市场中很受欢迎，也是大岩桐独有的花色，现在的蓝色大岩桐花瓣多有白边。蓝色代表着忧郁、温柔。由于在自然界中，能开出蓝色花的个体并不多，所以蓝色大岩桐在市场上比较亮眼，也比较受追捧。蓝色色系应该属于 Violet-Blue Group N93、Violet-Blue Group N92、Violet-Blue Group 90-92、Violet Group N88。

笔者收集的蓝色大岩桐材料中，自育杂交组合多为单瓣，其典型特点为叶片较小，麻点和条纹较多，但国人对纯色花瓣更加青睐。

蓝色大岩桐多为簇生，粗茎型个体，花顶生，花多成对同时开放，花朵较大，观赏性极强，花色会随着光照强度、营养条件呈现一定波动，不同品种花期不同，大多从 5 月陆续开花，也有 10 月至翌年 1 ~ 2 月开放的，市场开发潜力极强。

蓝色大岩桐株型较大，叶片多为油绿色、深绿色、绿色带紫色，叶背为绿色。其中，L1 Aurora Borcalis（北极光）叶片颜色较为特殊，有斑驳白点，叶柄较长，叶片观赏价值极高。叶片平滑或者隆起，叶脉多半不明显，多为白色。叶片形状多为椭圆形、卵形，叶片较大，叶片数量 8 ~ 10 片。叶柄颜色为绿色或褐色，叶片表面覆有茸毛，叶缘呈全缘、钝锯齿、锐锯齿，叶基呈渐狭、下延、圆钝、圆形。

蓝色大岩桐单瓣个体花芽较多，为 30 多个，重瓣个体花芽较少，为 15 ~ 20 个。苞片有紫色、绿色，数量 5 ~ 8 个。花梗颜色为绿色或褐色，长短各有不同。开花时间各异，重瓣个体开花较单瓣个体晚，重瓣个体开花时间为 2 周以上，单瓣个体开花时间 10 天左右。蓝色大岩桐深受广大年轻消费群体喜欢，属于冷色系花卉，生长期喜温暖、潮湿，忌阳光直射，有一定的抗炎热能力，但夏季宜保持凉爽，23℃左右有利于开花，1 ~ 10 月温度保持在 18 ~ 23℃；翌年 1 月（休眠期）温度宜在 10 ~ 12℃，块茎在 5℃左右时，也可以安全过冬。生长期要求空气湿度大，不喜大水，避免雨水侵入。冬季休眠期则需保持干燥，如湿度过大或温度过低，块茎易腐烂，喜肥沃疏松的微酸性土壤。

蓝色大岩桐花冠颜色有以下几种组成形式：第一种花冠裂片和花喉均为同一种颜色，如 L1 Aurora Borcalis（北极光）、L16 Deep Blue（深邃蓝）、L3 НГ-Пиковая Дама（黑桃皇后）、L12 Double Blue-purple（蓝紫色重瓣）、L17 The Sky is Blue（星空蓝）、L9 Glorious Series（辉

煌系列）；第二种是由日本阿瓦迪蓝色系列突变改良而来，显著特点为花冠边缘白色，内部为蓝色，如 L8 Lake Blue、日本板田系列（Sakata）；第三种花冠边缘为蓝色，内部有蓝色麻点或者条纹，如自育杂交组合 D54 紫麻单 A、D54 紫麻单 L、D62 紫麻单 A 以及 D66 紫麻彩虹 A 等；最后一种花冠裂片颜色由不同程度的蓝色麻点组成，如 L13 Blue Diamond（蓝钻）。

蓝色大岩桐重瓣个体中有雌雄蕊瓣化现象，如 L13 Blue Diamond（蓝钻）、L2 Sweet Heart（甜心）、L3 НГ-Пиковая Дама（黑桃皇后）、L4 CAT-Инсайт（高见）、L5 СБ-Торонто（多伦多）、L17 Elegant（优雅）；瓣缘呈曲线形的有 L17 Elegant（优雅）、L1 Aurora Borcalis（北极光）。

紫色

1. 淡紫色

淡紫色柔和、优美、动人。它不像蓝色那样清冷，也不像深紫色那样浓烈、神秘。淡紫色色系属于 Rurple Group 75、Rurple Group N75、Rurple Group 76，以及 Rurple Group 77 中的 Light Purple C 和 Light Purple D。

淡紫色大岩桐自育杂交组合主要有 C22 浅紫重麻 I、C57 紫重麻 A、D71 紫麻单 A、单 257# 紫麻单，据记载 Z3 EH-Девочка-Весна、Z4 EH- Самородок、Z1 Blue Star River（蓝星河）、Z2 C5 紫重麻 B Beads、Z5 Sweetheart Series（甜心系列）、Z6 Zixia 个体均属于杂交个体，通过紫色个体与白色、粉色个体杂交选育而来，其色彩较为稳定，株型较为紧凑，粗茎型个体较多，所有花朵均为顶生，花期主要集中在 5 ~ 11 月。植株不耐水，浇水过多会导致植株烂根，需要在散射光的条件下养护，种球个体大小较为适中。

叶片颜色有油绿色、淡绿色、淡紫色，叶片偶尔有少量茸毛，叶柄长度适中。叶片为卵圆形、椭圆形、卵形，叶片表面隆起，叶尖呈凸尖、圆形，叶缘呈全缘、钝锯齿、锐锯齿，叶基呈现渐狭、下延。叶脉颜色并不明显，叶柄长短不一。叶片均较大，主要分支 1 ~ 2 个，花芽 1 ~ 3 个。

花梗多为短梗，但杂交组合单 257# 紫麻单除外。花萼多为合生，花萼颜色有紫色和绿色两种。

花冠颜色主要有以下 4 种组成形式：第一种为纯色，即花冠裂片颜色分布均匀，颜色单一，无任何条纹、斑点等点缀，如自育个体 C22 浅紫重麻 I、Z6 Zixia；第二种花冠裂片表面布有大小一致、分布均匀的浅紫色麻点，如 C57 紫重麻 A、Z5 Sweetheart Series（甜心系列）、Z1 Blue Star River（蓝星河）；第三种花冠边缘为浅紫色，内部有大小不同的浅紫色麻点和条纹，如 C5 紫重麻 B Beads、Z3 EH-Девочка-Весна、D71 紫麻单 A、单 257#
紫麻单；第四种花冠边缘为白色或浅色，内部有大小不同的麻点，如 Z4 EH-Самородок、
Z5 Sweetheart Series（甜心系列）。淡紫色大岩桐有单瓣和重瓣之分，单瓣个体瓣缘有褶
皱，呈曲线形，花瓣厚度各不相同；重瓣个体花瓣雄蕊有瓣化现象，花期较长，单朵花开
花时间长达 15～20 天。

2. 粉紫色

粉紫色是一种温柔而梦幻的色彩，它融合了粉色的甜美与紫色的神秘，既不张扬，也
不失个性。这种色彩给人以柔和、浪漫的感觉，仿佛置身于轻柔的薰衣草田或晨曦初照的
粉色云霞之中，充满了无限的遐想与宁静。

粉紫色色系范围属于 Ruprle-violet Group N80、Ruprle-violet Group N81、Ruprle-violet
Group N82。

笔者收集的所有粉紫色大岩桐材料中，自育个体多为单瓣，如 D4 紫麻单 D、D4 紫麻
单 F、D4 紫麻单 G、D43 紫麻单、D45 紫麻单和单 319# 紫麻单。其中，杂交个体 C29 紫
重麻为半多瓣。粉紫色大岩桐开花时间可持续数月之久。自育品系大多来自白色 × 深紫
色、白色 × 蓝紫色的杂交后代，性状优良，抗性较强，观赏价值较高。

粉紫色大岩桐花冠颜色主要有以下几种组成形式：第一种花瓣底色为白色，布有粉紫
色麻点，麻点大小和颜色有差别，如 Z5 Beautiful Makeup、Z8 杂交组合 5 麻点紫；第二种
花瓣为纯色，如自育个体 C29 紫重麻、D4 紫麻单 D、D43 紫麻单、D45 紫麻单、D45G，以
及从美国引进的紫色重瓣个体 Z3 The Star of Wealth 等；第三种花瓣粉紫色，并布有麻点，
麻点颜色突出或模糊，如 D49 Cahcapa、Z2 CAT-Вивиана、Z7 Rouge Purple（胭脂紫）；第
四种花冠带有粉紫色边缘，如 SY Shiun（紫云）、Z2 CAT-Вивиана、C62 紫重麻 A、单 319#
紫麻单。所有材料中，Z4 Rose Narnia（玫瑰纳尼亚）、Z7 Rouge Purple（胭脂紫）、C15 紫
重麻 EC-indignant 花瓣颜色分布不均，具有沾染的效果。

重瓣个体雄蕊有瓣化现象，花喉多伴有麻点，植株高度差别不大，自育重瓣个体 SY
Shiun（紫云）、Z2 CAT-Вивиана、Z3 The Star of Wealth 瓣缘为曲线形，所有花朵均为顶生，
茎粗细不同，粉紫色大岩桐耐阴。

粉紫色大岩桐植株高矮不同，最高可达 50 厘米，叶片颜色多变，叶面呈黄绿色、深
绿色、紫绿色、绿色，叶背呈浅绿色、浅褐色。叶脉粗细不同，叶片形状有圆形、矩圆
形、椭圆形、卵形，叶面平滑或者隆起，大多叶片表面覆有茸毛且稀疏各异，叶片较肥大，
使整个株型看起来高贵大气，叶尖呈急尖、凸尖、圆钝、圆形，叶缘呈全缘或有锯齿，叶基
呈渐狭、下延、圆钝、圆形，叶柄长短不一，颜色多为绿色或紫色。

3. 蓝紫色

蓝紫色色系范围属于 Violet Group 86、Violet Group N87-N89、Violet-blue-Group 90。蓝紫色杂交亲本主要来自俄罗斯、乌克兰、美国以及中国引种驯化过程中产生的衍生品种。笔者收集的蓝紫色大岩桐材料中，自育单瓣个体 3 个，重瓣个体 6 个。

蓝紫色大岩桐花冠颜色的组成形式有以下几种：第一种为纯色个体，如 Z15 Sakata 15（板田系列 15 号）、Z18 Purple Tower（紫塔）、Z4 EH-Вишня Черная、C31 暗麻紫重 A、17# 紫麻单；第二种花冠裂片为纯色，花喉颜色与花冠裂片不同，如 C10 大花白喉紫重 B、C10 紫重 D 均为白色花喉；第三种花冠边缘为蓝紫色，花冠裂片为纯色，内部带有麻点，如 C14 紫重麻 D、Z7 Роза Нарнии（玫瑰纳尼亚）、Z11 Amulet（护身符）、Z16 Night in Paris（夜巴黎）、Z17 民间紫瓣麻点；第四种花冠裂片底色为白色，上面密布蓝紫色麻点，如 Z6 EH-Орфей、Z13 Blue Star River（蓝星河）；第五种花瓣底色为蓝紫色渐变，上面布有蓝紫色麻点，如 Z12 Brocade Wind Series（锦风系列）、Z1 Shagane、Z2 Весенние Грозы（春雷）、Z10 EH-Авангард（先锋）等。

蓝紫色大岩桐植株高低不同，花顶生或侧生，叶片颜色多变，叶面黄绿色、深绿色、紫绿色、绿色，叶背浅绿色、浅褐色。叶脉粗细不同，叶片形状有圆形、矩圆形、椭圆形、卵形等，叶面平滑或者隆起，大多叶片表面覆有茸毛且稀疏各异，叶片较肥大，整个植株看起来高贵大气。叶尖呈急尖、凸尖、圆钝、圆形，叶缘全缘或有锯齿，叶基呈渐狭、下延、圆钝、圆形，叶柄长短不一，颜色多为绿色或紫色。

4. 深紫色

深紫色是高贵和权威的象征，色系范围属于 Purple Group N77、Purple Group N79、Purple Group 79。

市面上最先出现的深紫色大岩桐为 Z24 Emperor William Series（威廉皇帝系列）、Z7 Phantom，也是较早进入中国花卉市场的特色大岩桐，这种花色是大岩桐所有花色中推广最多的一款。

深紫色大岩桐花冠裂片大且多带有厚密的茸毛，从感官上像极了日常所见的金丝绒，茸毛长且略有倾斜，美感十足。在本书中展示的深紫色大岩桐有自育品系、俄乌系列以及荷兰、美国、巴西等地引进的材料，是地域来源和遗传多样性最为丰富的品类。深紫色大岩桐在阳光充足的条件下颜色有可能会变浅。单瓣个体有 D4 俄乌紫麻单 B Chernyi Voron（黑乌鸦）、Z7 Phantom、Z24 Emperor William Series（威廉皇帝系列）均为外来材料，其他单瓣个体均为自育材料。重瓣个体中，花冠裂片为纯色的多为自育品种，如 C22 麻喉紫重 E、C22 深紫重麻 N、C22 紫重麻 A。

深紫色大岩桐植株多为簇生，少数如 Z23 Winter Cherry（冬樱）和 C22 麻喉紫重 E 为散生，叶面浅绿色、深绿色、紫绿色，叶背呈浅绿色或者绿色。叶柄有绿色和紫色两种，叶片形状有圆形、矩圆形、椭圆形、卵形，叶片整体均较肥大，叶尖呈急尖、凸尖、圆钝、圆形，叶缘全缘或有锯齿，叶基呈渐狭、下延、圆钝、圆形，叶片表面多被茸毛，叶柄长短不一，叶脉均不明显。

深紫色大岩桐花多为顶生，D45 紫麻单 F 和 Z7 Phantom 单瓣成簇开放，其余个体一般成对开放。单瓣个体花芽较多，为 30 ~ 38 个，重瓣个体花朵较大，花芽较少，约为 20 个。

深紫色大岩桐生长期喜温暖、潮湿，忌阳光直射，有一定的抗炎热能力，但夏季宜保持凉爽，温度在 23℃左右有利于开花，1 ~ 10 月温度宜保持在 18 ~ 23℃；1 月为休眠期，温度宜在 10 ~ 12℃；块茎在 5℃左右的温度中，也可以安全过冬。生长期要求空气湿度大，不喜大水，避免雨水侵入；冬季休眠期则需保持干燥，如湿度过大或温度过低，块茎易腐烂，喜肥沃疏松的微酸性土壤。

大多数深紫色大岩桐花冠颜色有以下几种组成形式：第一种花瓣边缘为深紫色，内部有深紫色麻点，如 Z3 EH-Брауни、Z9 EH-Богота、Z18 EH-Эмеральд、Z2 EH-Маррокаяпринцесса、Z13 EH-Брауни 等；第二种花冠裂片为深紫色，内部麻点不明显，如重瓣个体 Z8 Sinningia Rainbow Eggs、D4 Chernyi Voron（黑乌鸦）、Z11 EH-Азимут、Z12 EH-Аметрин、C22 麻喉紫重 E、C22 深紫重麻 N，以及单瓣个体 D4 紫麻单 E、D9 紫麻单 L、D45 大花紫单 D、D45 紫麻单 A、D48 紫单 A、Z7 Phantom 等；第三种花冠裂片为紫色，花冠裂片及内部布满深紫色麻点，如 D45 深紫麻单 L1 等。

深紫色大岩桐重瓣个体多为 3 层及以上，雄蕊瓣化现象较多。Z10 Гамлет 瓣缘褶皱较多。其中，单瓣个体 D48 紫单 A、D45 大花紫单 D 花喉为白色。深紫色大岩桐开花时间较为分散，较喜欢阴凉且通风较好的环境，浇水不能太多，否则易烂根。开花一般为两次，即春天一次，秋天一次，有些冬天也开。不同温度和光照条件下，花的颜色略微有变化，在栽培管理过程中，注意土壤酸碱度的变化。

5. 紫红色

紫红色是由紫色和红色混合而成。象征着神秘、高贵和华丽。以英国皇家园林协会植物比色卡进行色系分类，紫红色属于 Purple Group 77、Purple Group N78。紫红色大岩桐深受中国消费者喜爱，因其比红色更低调，比紫色更热忱，应用更广泛。较早出现的紫红色大岩桐有 Early Giant Series（巨早系列）、王后大岩桐、优雅大岩桐等。在各个杂交组合的后代分离过程中，分离出的紫红色个体最多。在我们收集的紫红色大岩桐个体中，单瓣个体 30 个，除了 Z20 Sakata 15（板田系列 15 号）、Z26 Dance of the Galaxy、Z25 Hawaii，均为自育材料；重瓣个体 55 个，其中侧生有 3 个，为侧 C22 浅紫重麻 C、侧 C22 暗紫重 B、C13 侧开紫麻半重 J，其余均为顶生，重瓣个体中自育材料为 26 个，外来材料 25 个，其余为衍生变异个体；半重瓣 2 个，即 B1 深紫麻半重 A、C13 侧开紫麻半重 J。

紫红色大岩桐开花植株有散生和簇生两种，全年均有开花，有耐阴不耐光、喜温耐光、耐寒耐阴等几种类型。种球大小不一，随着种球年龄的增加，种球的直径逐渐变大，植株变得越大，叶片也越多，开花数量呈现由少变多，再由多变少的一个过程。株高和株型差别较大，分为大、中、小三类。叶色有黄绿色、油绿色、深绿色、紫绿色等，叶片表面多有凹凸质感，叶脉均不明显，叶型有圆形、矩圆形、椭圆形、卵形、卵圆形，叶片数量 8～16 片不等，叶片多数较为肥大。叶尖呈急尖、凸尖、圆钝、圆形，叶缘呈全缘、钝锯齿、锐锯齿，叶基呈渐狭、下延、圆钝、圆形。叶片初期多被厚茸毛，随着叶片长大，茸毛逐步减少。叶脉多为白色，少量为褐色，叶柄长短不一，叶柄颜色多为褐色和绿色。花芽多从叶基部出现，重瓣个体花芽 1～2 个，而单瓣个体为 2～6 个不等。

紫红色大岩桐花梗有褐色和绿色两种，长短不一，粗细各异。花萼颜色多为褐色和绿色，植株有直立型、斜伸型或侧垂型。雄蕊有瓣化现象，少量有不外露现象，如 Z32 Zixia Fairy、Z24 Feast。花蕾颜色有绿色和紫色，形状有圆锥形和圆球形两种。花期多为 4～11 月，也有翌年 3 月开花的，如果夏季炎热，有可能中途停止开花而进入休眠。在栽培管理上应注意预防夜蛾和腐烂病，幼苗期易发生猝倒病，注意播种和移栽土壤的消毒，生长期常有尺蠖咬食嫩芽，可人工捕杀或在盆中施入呋喃丹防治。

紫红色大岩桐花冠颜色主要有以下 4 种组成形式：第一种纯色型，花冠裂片和花喉颜色一致或者相近，整个花朵看起来几乎由同一种颜色组成，如 C22 Y Blue Pearl（蓝珍珠）等；第二种麻点型，花冠裂片和花喉上均布有紫红色麻点，如 Z24 Feast（盛宴）等；第三种边缘色＋麻点型，花冠边缘为紫红色，裂片上布有紫色麻点，花喉内部也布有麻点，如 C22 紫豆麻等；第四种麻点＋纯色型，花冠裂片为浅紫红色，上面布有不同颜色的深色麻点，如 D45 紫麻单 G 等。

紫红色大岩桐不同的花冠颜色组成形式

二、不同花瓣特色性状的大岩桐

除了色彩之间有差别外，不同大岩桐之间还存在着各种特殊性状的差别，比较显著的就是花瓣性状之间的差别，如白边、斑驳、彩虹环、麻点、沾染、条纹等特色性状，让大岩桐变得色彩斑斓起来。即使是相同的花瓣颜色，也可能会存在性状之间的差别，这无疑增加了大岩桐的观赏性。

白边

本章介绍的白边品种有 6 个色系，即粉白边、蓝白边、红白边、玫红白边、紫白边、淡紫白边等，白边在花冠裂片上所占的比例不同，给人的美感也会发生变化。

不同比例的白边

最早进入中国的重瓣锦缎、日本阿瓦迪系列等，有深红白边、紫色白边、玫红白边等，大多表现为矮生、重瓣花、叶片小的特点，还有花冠裂片背面和正面颜色有明显差别，被描述为红白双色、蓝白双色等。随着人们审美的变化，育种技术的提升，白边的面积和白边的形态也发生了很大的变化，这让大岩桐的观赏性更加丰富。

目前，笔者收集的白边大岩桐所有材料中单瓣个体 14 个，大多数为自育材料；重瓣个体有 44 个，其中引进的材料有 FB6 Santa Claus、AB4 Emperor William Series（威廉皇帝系列）、FB3 CAT-Белоснежкаи Гномы （白雪公主和小矮人）、FB2 Любовь и Драмма （爱情与戏剧）、HB1 Rose's Mobile Star （玫瑰的移动之星）、AB2 EH-Селфи （自拍）、AB2 EH-Аривидерчи （阿里维德奇）等；杂交的自育品种 9 个，即 C48 粉重麻 C、C34 白边红重麻 A、C32 白边红重麻 B、C22 紫重麻 W、C22 紫重麻 U、C14 紫重麻 DA、C11 红重白边 E、C11 红重白边 B、C9 紫重白边；其余均为衍生品种，如 MB2 Double Brocade Series （锦缎系列）和 AB4 Emperor William Series （威廉皇帝系列）、HB4 Glorious Series （辉煌系列）、HB3 Flower God Series （花神系列）等。

白边大岩桐个体的株高有明显差别，株型散生或簇生，叶片均较为肥厚，叶片颜色多为绿色、深绿色，初期有较多茸毛，随着叶片成熟，茸毛逐步减少；叶柄普遍较短，颜色为绿色或紫色，叶脉无明显变化。白边大岩桐白边组成形式主要有以下 3 种：第一种白边 ＋ 麻点，如欧美系列的 FB6 Santa Claus（圣诞老人）和 FB5 Pretty in Powder（白粉佳人）及俄乌系列的 MB1 ЕН-О-Ля-Ля、FB3 CAT-Белоснежка и Гномы（白雪公主和小矮人）、AB2 ЕН-Селфи（自拍）、AB2 ЕН-Аривидерчи（阿里维德奇）；第二种白边 ＋ 纯色，如早期引入的 MB2 Double Brocade Series（重瓣锦缎系列）、AB4 Emperor William Series（威廉皇帝系列）、HB10 Tigrina（泰格里纳）、HB9 Mysterious Series（神秘系列）、HB6 Brocade Flowers Series（锦花系列）及 FB2 Любовь и Драмма 等，还有国内生产的衍生品种和自育品种（6 个）；第三种白边与麻点 ＋ 色带，均为自育的杂交个体，比起锦缎系列，表现为花梗较长，花朵更大，抗耐性更好，如 C14 紫重麻 DA、C22 紫重麻 U、C32 白边红重麻 B、C34 白边红重麻 A、D9 紫麻单 D、D37 白边紫麻等。

笔者收集的白边大岩桐资源中，除 HB1 Rose's Mobile Star（玫瑰的移动之星）外，其他个体花瓣多为圆形瓣，FB3 CAT-Белоснежка и Гномы（白雪公主和小矮人）、FB2 Любовь и Драмма（爱情与戏剧）瓣缘存在褶皱，少部分重瓣个体存在雌雄蕊瓣化现象。白边大岩桐在育种过程中，一般通过自交的方式得到，且白边的大小也与连续自交或者回交的次数、时间有关。四川地区由于夏季高温，如果在高温天气自交，那么产生的变异将会增多。

斑驳

大岩桐花瓣斑驳特性受遗传因素控制，但是斑驳的特性表现会受到栽培条件的影响。斑驳特性在紫色、红色以及粉色花瓣上表现尤为明显，花瓣内部由模糊麻点、清晰麻点形成的色斑、色块和条纹映衬而成，这种变异特性由欧美国家发现并命名。

笔者收集了 36 个斑驳品种，其中单瓣个体 11 个，重瓣为 25 个，单瓣个体中有 5 个为自育个体，其他个体引自美国、荷兰以及中国台湾。单 120# 白边紫麻单 Fifth Element

斑驳

表现为整个花冠有淡紫色瓣形环，这些由深浅不同的色带形成的瓣形环富有一定的规律性，该性状可遗传；引进材料 D41 白麻单 E Florence 和 D53 Pink Fantasy（粉红色幻想），以及杂交自育个体 D17 和 D53 品系在花冠筒与花冠裂片衔接处均有规则的点状色块，称之为酒窝点。所有的重瓣个体中，仅 C24 变异粉重 I 为变异材料，其他均为引进材料，主要来自美国、俄罗斯、巴西、乌克兰、荷兰，以及中国台湾和香港。

斑驳大岩桐有 2 种组成形式：第一种花冠裂片上布有不同形状的色块，色块和底色差别明显，随着生长同一植株开出色块大小不同的花，如 FB4 Pink Glamour（粉魅）、FB5 Pink Memories、FB6 Pretty Girl（漂亮女孩）、FB7 Pretty in Powder（白粉佳人）、FB9 Rozovaya（芙蓉花）、HB5 ЕН-Летний Вал（恩夏瓦尔）、HB11 Премьера（首演）、ZB1 Грейс（优雅）、HB1 Davina（达维纳）、HB10 CAT-Оникс（缟玛瑙）；第二种花冠裂片上的斑点与底色互相混合，产生了彩韵性状，如 FB1 Magic（魔术）、HB3 Strawberry Mousse（草莓慕斯）、HB7 НТ-Симпатичная Девчонка（漂亮姑娘）、HB4 ЕН-Кис-Кис（恩基斯）、FB3 Pastries（糕点）、HB6 Коварство и Любовь（伪善者）、HB9 CAT-Моя Энн（我的安妮），以及自育组合 D54 紫麻单 J、D64 紫麻单 A、D1 香味粉麻单 D 等。

斑驳大岩桐个体之间株型、叶型均有很大差异，叶片有黄绿色、绿色、油绿色，叶柄均较长，叶型有椭圆形或卵圆形，植株紧凑。花顶生，花朵较大，尤其是重瓣个体，花期较长，每朵花开花时间 15 ～ 20 天。斑驳大岩桐多集中于植株中心开花，非常适合盆栽。大岩桐的斑驳性状会随着温度或者其他栽培条件改变，呈现出的颜色深浅有略微差别，有一定的稳定遗传性。从播种到开花（18 ～ 22 周），在 6 月下旬至 9 月上旬经常会有超出 30℃ 的高温天气，这时需采用一层或二层遮阳网，以达到降温目的。如有可能，采用喷雾降温效果更佳。高温对大岩桐的生长有抑制作用，但若管理得当，不会有太大的危害。不过高温期间的花期很短，所以最好将花期延后，控制在 9 月中下旬开花。如要在秋冬季开花，则需将栽培温度维持在 15℃ 以上。

彩虹环

彩虹环是大岩桐能够稳定遗传的主要特性。彩虹环主要特点就是花冠边缘由不同颜色（白色除外）组成，且整个花冠表现为边缘颜色较内部颜色深。大岩桐有不同颜色的彩虹环，如正粉色、粉红色、亮粉色、粉紫色、红色、蓝紫色等。彩虹环会在连续回交过程中颜色慢慢变淡，或在后代分离过程中逐渐消失，这种若隐若现的特性增加了大岩桐的观赏性和神秘性。

彩虹环在花冠上的位置及粗细也会因品种不同而发生变化。杂交育种过程中，彩虹环

1 边缘彩虹环   5 彩虹环颜色变深
2 彩虹环向内移动   6 彩虹环扩散
3 彩虹环向内移动且颜色变浅   7 彩虹环变宽
4 彩虹环颜色变浅

1	2	3
4	5	6
7		

是显性遗传，分离后代中表现稳定且明显。

彩虹环个体有如下特点：第一，俄乌系列新品多由麻点＋彩虹环组成，所有花冠内部均为白色，花顶生。第二，植株高度相似，叶片大小不一，叶型多为椭圆形、卵形，叶片多为绿色和深绿色，表面多被茸毛，叶脉粗细并不一致，株型较为紧凑，叶柄长短不一。第三，花期长短不一，全年开花或季节性开花，较喜高温和高湿条件，较喜散射光。

1. 粉色系彩虹大岩桐

花冠颜色有如下几种组成形式：第一种彩虹环＋粉色麻点，常见于少量俄乌系列单品，如 LF3 EH-Изюминка、LF4 CAT-Валенсия（威尔士）、LF6 CAT-Сахарная Пудра（粉粉）、FC6 Red Windmill with Red Grass（瑞草红风车）、FC8 Single Souffle（单奶酥）、FC10 CAT-Розалия（罗莎莉）；第二种彩虹环＋纯色（白色除外），如 C17 粉重彩虹 A、LF2 Doughuts（甜甜圈）等；第三种花冠边缘为粉色而花喉均为白色，如自育组合 C1、C13、C17、D5 等；第四种彩虹环有渲染效果，如 FC4 Pink Stars（粉星）、FC2 Red Rainbow（红彩虹）、FC9 SY Purplefog（紫雾）等。

2. 红色系彩虹大岩桐

笔者收集的红色彩虹大岩桐材料中，除了俄乌系列的 HC7 EH-Вита、HC8 НГ-Быть Может（也许）为重瓣个体外，其余全部为单瓣个体。红色系彩虹大岩桐花色随着开花时间的延长有渐变的特点，但是彩虹环大小变化不大。在中国的消费市场中，红色彩虹环＋麻点的组合也比较受欢迎，如 D10 红麻彩虹 E Ruby Necklace（红宝石项链）等。

3. 蓝色系彩虹大岩桐

自育品系 D6 紫单彩虹 B1、莫言系列的花冠裂片均为纯色，俄乌系列如 ZM1 EH-Органза、ZM2 Purple Windmill（紫风车）的花瓣均有麻点，花喉均为麻喉且带有少量茸毛。其中，D37 Blue Temptress（蓝色妖姬）花色艳丽，叶片为浅绿色，观赏价值极高。

4. 紫色系彩虹大岩桐

C6、D4、D6、LC2 Dream Purple（梦幻紫）以及莫言系列的花冠裂片均带有麻点，俄乌系列中的 LC8 EH-Динь-Дон、LC9 EH-Императорский Фарфор（皇家瓷器）、LC12 HT-Саломея（萨罗）、ZH2 CAT-Валенсия、ZH3 CAT-Королева Красоты（选美皇后）、ZH1 Salomeya 均为重瓣带麻点的个体，这些个体的麻点较为稀疏，花冠裂片颜色与麻点颜色对比明显。LC11 Purple Queen、LC1 Blue Rainbow Sophia 花冠裂片无麻点，但是具有明显的紫色条纹，花冠裂片较多，花朵较大，色彩艳丽。花瓣为白色且带有紫色边缘的个体多属于自育个体，观赏性极强。杂交组合的花多为顶生，可以做盆栽。

麻点

麻点是大岩桐有别于其他苦苣苔大岩桐属植物的主要特征，近年来培育的个体主要分为两类：一类是花冠裂片带有不同程度麻点，另一类是花冠裂片不具有麻点，但是花喉具有麻点。麻点颜色和大小一直是影响大岩桐观赏性的主要因素。笔者研究发现，麻点大小和多少以及是否带有茸毛，与开花时期有一定的关系，且在杂交育种过程中呈显性遗传。

目前，大岩桐的麻点颜色有白色、黑色、红色、蓝色、紫色，在中国大众消费者中，并不是所有人都能接受这些麻点，故喜恶各半。麻点大岩桐的特点如下：第一，花冠颜色由麻点的疏密和条纹的分布决定，麻点越大，颜色越重；麻点越靠近花喉，颜色越重；麻点颜色越重，叶片和叶柄颜色越浓，俄乌系列普遍带有麻点和条纹，且花喉及叶片茸毛较多，萼片多为紫色，抗寒性及抗旱性较强，花姿侧生、下垂或顶生。第二，全年均可见开花，花朵较大，叶片较肥厚，花梗颜色多为绿色或紫色，一年生植株叶片较少，花大，整体植株略显单薄，二至五年生植株最为丰满，巨大的花朵点缀在硕大的叶片中间，显得雍容华贵。第三，麻点大岩桐多为引进材料，自育个体麻点较少或者较小，如 C14、C41 等。

1. 白色麻点

白色麻点可能是其他深色麻点周边形成的规则白斑，白斑与花冠裂片的底色形成鲜明对比，对整个花瓣颜色有修饰作用，如 Z1 Shagane、BM2 НГ-Морской Конек（海马的眼泪）、BM1 The Fairy's Wedding Dress（仙女的嫁衣）、BM3 CAT-Бастинда（泽琳娜）。花瓣背景颜色较为均匀，白色斑块面积较小，对整个花冠起到一定的点缀作用，有些白色麻点也有减弱花瓣颜色的作用。

2. 粉色麻点

笔者收集的粉色麻点大岩桐中，引进个体 8 个，自育个体 13 个，其中单瓣个体 11 个，重瓣个体 2 个。自育个体集中表现为颜色较浅，麻点较小，分布均匀，整个花色看起来清新淡雅，麻点起点缀作用，如 C2 粉白重麻 E、C30 粉白重麻 B 等。引进个体由于麻点浓密且较大，花瓣颜色显得较深，如 C2 粉重麻 D、C2 粉重麻 D Oprah（欧普兰）、FM6 ВИ-Анита（安妮塔）、FM7 ВИ-Мадлен、FM8 ВИ-Эвридика（尤丽黛丝）、FM9 Лукоморье（卢科莫里耶）、FM11 Dance of the Galaxy（银河之舞）。

3. 黑色麻点

黑色麻点在整个花瓣上均匀分布，使整个花显得神秘与高贵。不同花瓣上的黑色麻点表现出的韵味截然不同。笔者收集的黑色麻点大岩桐材料中，自育杂交组合有 C15 深紫重麻 B、单 299# 白麻单，其余为引进个体，主要来自丹麦、美国、俄罗斯。黑色麻点一般出现在花喉，具有凝聚视觉的作用，形成了视觉中心，黑色麻点在花冠上的疏密程度也决定了颜色深浅。HM1 Dragon Fruit（火龙果）、D41 白麻单 E Florence（佛罗伦萨）麻点较小，点缀作用明显，观赏效果极佳；其他个体麻点相对较大，如 HM2 EH-Алладин（阿拉丁）、HM5 EH-Марисоль、HM3 Hua Zi（子嫿）、HM4 Violets、HM7 EH-Звездная Феерия（星空奇观）、HM9 CAT-Принцесса Несмеяна（萨特公主）等。黑色麻点大岩桐植株叶片多为黄绿色，也有深绿色和紫绿色，叶片肥大，叶型多为卵圆形，花顶生，雌雄蕊均外露，叶柄较长。黑色麻点大岩桐花期较长，极其耐阴，放在不怎么见阳光的卫生间和楼道长势也很喜人，花期 4 ~ 11 月，在种植过程中注意防止涝害，以免烂根。

4. 红色麻点

笔者收集的红色麻点大岩桐种类繁多，红色麻点大小和分布决定着花色深浅，在杂交过程中多表现为显性。麻点极小的个体有 C30 红麻白重 White-bellied Cardinals、C30 粉白重麻 B Love Story（爱情故事）、C28 粉重麻 J Honey Peach（水蜜桃）、HM31 CAT-Габриэль（加布里埃尔）、HM34 CAT-Моя Энн（我的安妮）、HM36 CAT-Утонченный Вкус（味觉）、HM40 Dana（达那）；麻点分布较浓密的个体有 HM21 EH-Летнийвальс（朱娜）、HM26 EH-Бимбо、HM14 Recalling the Past（回顾过去）、HM24 Глоксиния Зимняя Вишня（冬樱花）、HM33 CAT-Кассандра（卡珊德拉）、HM7 Lacs Cherry（拉克谢里）、HM20 EH-Мартиника、HM34 CAT-Моя Энн（我的安妮）、HM42 Джуна 等；麻点较大的个体有杂交 2、C30 红麻白重 White Finch（红腹白雀）、HM22 Варьете（瓦列泰）、HM21 EH-Летнийвальс（朱娜）、HM24 Глоксиния Зимняя Вишня（冬樱花）等；麻点较少的个体有 C28 粉重麻 J Honey Peach（水蜜桃）、D1S、单 122# 香味粉麻单、HM39 Сударушка（斯布图什卡）、HM15 Royal China（皇家瓷器）、HM41 EH-Амбассадор。

5. 蓝色麻点

蓝色麻点自育个体均为单瓣，麻点在花冠裂片的排列具有很高的观赏价值，有 5 种组成形式：第一种麻点较大且颜色突出，如 LM1 EH-Малика、LM5 EH-Сладкий Яд（甜蜜）、LM6 Солмаз；第二种麻点颜色和花瓣底色相同，如 LM9 国内收集未知名、D37 白边紫麻、D61 紫麻单 A、D9 紫麻单；第三种花瓣边缘由麻点组成，如 LM3 CAT-Эстетика（美学）、LM8 Magic Ball（魔术球）；第四种花冠裂片上布有较为稀疏的麻点，如 D41 香味白麻单 B、LM7 Bissell（比谢尔）；第五种麻点均匀分布于花冠裂片，如 C47 紫重麻 B Ant Colony（蚂蚁领地）、D46 Giselle（吉赛尔）、LM4 Шонни（肖尼）。

6. 紫色麻点

笔者收集的紫色麻点个体种类也很多，按照麻点大小和浓密程度进行了分类，其中麻点较大的个体有单 359# 紫麻单、C57 紫重麻、ZM9 Глоксиния Зимняя Вишня（冬樱花）、ZM21 CAT-Эпатаж（挑衅）、ZM1 Cleopatra（埃及艳后）、ZM25 EH-Скорпио（天蝎座）等，

1 麻点稀疏　　5 麻点较小
2 麻点稍密　　6 麻点较大
3 麻点细密　　7 麻点粘连
4 麻点色深　　8 麻点成片

1	2	3
4	5	6
7	8	

这些麻点对花瓣颜色的显现起到了决定作用，让整个花冠颜色看起来更加明艳和浓厚；麻点浓密的个体有单 328# 紫单彩虹、ZM4 Fleeting Year（流年）、ZM10 EH-Вуаля、ZM18 CAT-Кассандра（卡珊德拉）、ZM20 CAT-Принцесса Несмеяна（萨特公主）、ZM23 Солмаз、ZM24 EH-Аривидерчи（阿里维德奇）；麻点较少的个体有 B6 白麻半重、C14 紫麻白重 FIce Cream（雪糕）、C41 白重麻 C、D9 紫麻单系列。

条纹

大岩桐的条纹一般从花喉内部至花冠檐部，再到花冠裂片中央，数量有 1～3 条，甚至更多。这些条纹组成较为规则，使大岩桐看起来规则有形。有关大岩桐条纹的遗传机理部分文献已有记载，条纹特性也是当前苦苣苔科有别于其他科属的典型性状。

笔者收集了条纹大岩桐材料 66 个，条纹组成形式有以下 4 种：第一种花喉无条纹，花冠裂片中部有规则条纹，如 D12 红麻单、D53B Dream Purple（大花梦幻紫）、FT13、FT11 Rose's Mobile Star（玫瑰的移动之星）、D12 红麻单、D73 白边紫麻单 A、HT1 The Dance of the Windmill（风车之舞）等；第二种从花喉内部到花冠裂片中部，仅有一条规则条纹，如 ZT2 Purple Windmill（紫风车）、HT8 EH-Дорида（多利）、D4 侧开紫麻单 R 大花、D54 紫麻单 M Starlight（星芝）、ZT4 EH-Вишенка 等；第三种从花喉内部到花冠裂片中部，有 3 条规则条纹，如自育个体 C14 系列、D54 紫麻单 F Witchcraft、D65 紫麻单 A、D60 深紫麻单 B Sky of Diamonds、ZT1 Nathaniel、HT2 The Phantom of Candy（糖果的幻影）、HT5 EH-Бомонд（博蒙得）、HT7 Amitabh（阿米达）等；第四种花喉内部有多条条纹，这些条纹由麻点或实线组成，颜色多为黑色、紫色、深粉色等，如 D46 粉麻单 F、T005、D54 紫麻单 A、单 207# 紫麻单、D57 紫麻单 Diamond Placer（钻石砂矿）、FT6 Глория（光辉）、FT8 EH-Хатико 等。

条纹大岩桐花侧生或顶生，带有条纹个体的多半具有一定的麻点，植株高度差别较为明显，叶片颜色有浅绿色、深绿色、油绿色、紫绿色，叶脉粗细不一，叶柄长短不同，叶柄颜色有绿色、浅绿色、紫绿色，叶片大小不一，可以分为大、中、小三类，叶面平滑或者隆起，隆起者褶皱较多，叶型为圆形、矩圆形、椭圆形、卵形，主茎叶片数量 8～14 片，表面多半覆毛，叶尖呈急尖、凸尖、圆钝、圆形，叶基呈渐狭、下延、圆钝、圆形，叶缘呈全缘、钝锯齿、锐锯齿。花芽数量差别也较大，20～50 个不等，单瓣花芽较多，重瓣花芽略少。花期也不相同，几乎全年都有开花的品种。条纹使大岩桐的花看起来更加有特点和规则性。

笔者收集的粉色条纹个体中，D12 红麻单、FT13 花冠裂片数量为 6 片，D46 粉麻单 F、

D73 白边紫麻单 A、ZT2 Purple Windmill（紫风车）花冠裂片数量为 7 片，FT3 Ferris Wheel 花冠裂片数量为 8 片，FT5 Вишнёвая Метель（樱桃雪）花冠裂片数量为 9 片。重瓣个体 8 个，其中 6 个为俄乌系列，剩余 2 个分别来自荷兰和中国。

紫色条纹有如下组成形式：第一种花冠裂片边缘由一种颜色组成，花冠裂片内部由不同麻点组成，如 D4 紫麻彩虹 N Rain Drops（雨神）、D60 深紫麻单 B Sky of Diamonds、ZT2 Purple Windmill（紫风车）等；第二种花冠裂片内部由不同颜色和不同大小的麻点混合组成，如 ZT3 White Spider（白蜘蛛）、ZT4 EH-Вишенка、ZT6 EH-Жоффрей 等。笔者收集的 7 个重瓣个体均为俄乌系列，其余单瓣个体从美国、荷兰引进，自育个体有 D4 系列、D54 系列、D65 紫麻单 A 条纹、单 207# 紫麻单和单 223# 紫麻单等。

红色条纹组成形式有两种：第一种为花冠裂片存在一条条纹，如 FT Rose's Mobile Star（玫瑰的移动之星）、HT1 The Dance of the Windmill（风车之舞）；第二种花冠裂片由三条甚至多条条纹组成，如 D50 红麻彩虹 A、HT2 The Phantom of Candy（糖果的幻影）。所有条纹均为实线组成，条纹颜色均为较深的红色。叶片为深绿色、紫绿色，叶片较大，花冠较大，植株整体表现较为大气，彰显雍容华贵。

所有的条纹个体开花时间规律性不强，在日常的栽培管理上与其他大岩桐并没有太大的差别。

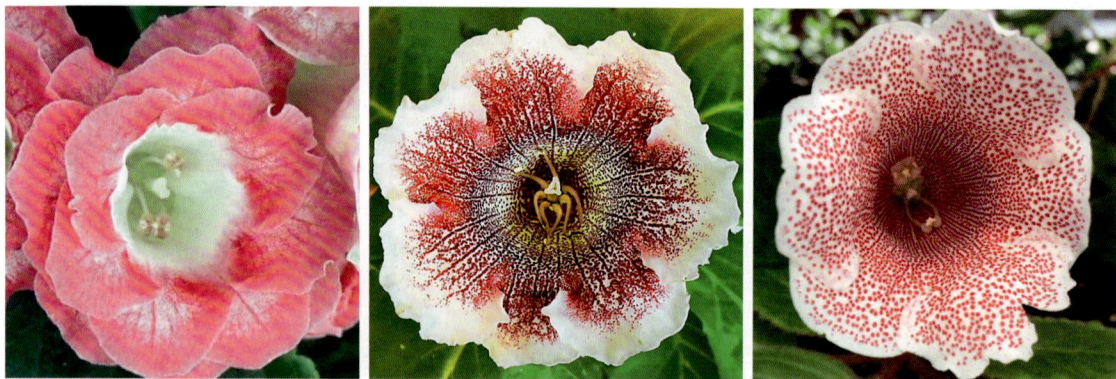

1　一条条纹
2　三条条纹
3　多条条纹

1 | 2 | 3

沾染

沾染是大岩桐最为特别的一个性状，花冠颜色深浅分布不均，底色中渗透着粉色、紫色、红色，像浸染过一样，故被称为"沾染"。本书介绍的沾染个体绝大多数为自育个体，

沾染

个别为日本阿瓦迪系列中的改良个体。沾染性状会随着温度、光照以及花的不同部位表现略有不同，部分性状较为稳定，整个花瓣显得娇嫩柔美，观赏价值极高。其中 C22 沾染紫重 M 的花冠裂片颜色深浅不同，内轮花瓣颜色较重，外轮花瓣颜色较轻，且对比较为明显，属于突变个体。

笔者收集的沾染大岩桐材料有 34 个，花色有以下几种形式组成：第一种为花喉颜色较深，花冠裂片较花喉颜色浅，内外形成鲜明对比，如 C24 幻彩粉红重 H、C24 沾染红重 I、TV-3QKQT、C28 粉重麻 B、D2 浅粉沾染 B、阿瓦迪粉沾染改良系列，以及 D51 香味紫沾染 A1 等；第二种为花喉颜色相对较浅，花冠裂片颜色较深，如 D38 紫沾染 B、单 482# 粉沾染、D2 粉单 L、D2 麻点粉沾染 C、D2 沾染 M 等；第三种为檐部颜色较深，如 C19 幻彩粉重 C、D2 粉沾染 G、D2 麻点粉沾染 C、D2 浅粉沾染 F、D51 香味淡紫白单 C；第四种为花冠裂片颜色深浅相间，被称为幻彩系列，如 C24 变异粉重 I、C24 幻彩虹重 D、D2 麻点粉沾染 C；第五种为花冠裂片颜色较浅，白色中渗透着其他颜色，或者点缀于花冠裂片边缘，如 C17 浅粉重彩虹 I、C24 幻彩粉重 E、C24 幻彩粉重 G、C24 沾染粉重 J 和 SY 民间杂交。

沾染大岩桐植株较为紧凑，花顶生，多数个体成簇开花，每簇 2 朵以上。单瓣个体花期 10 天以上，重瓣个体花期 20 天左右。花瓣的颜色会随着开花时间稍有变化，植株高度不一。叶片颜色有深绿色、绿色、紫绿色，多对生，较肥厚，叶型多为椭圆形、卵圆形，叶片叶脉颜色不明显，叶柄长度各异，叶片初期多被毛，后期茸毛变少。花萼颜色为绿色或紫绿色，萼片数量 5 ～ 7 片，重瓣个体雌雄蕊存在瓣化现象。C24 幻彩粉重 G、C24 沾染粉重 J、D2 阿瓦迪粉粘染粉、D2 浅粉沾染 F 的花瓣裂片边缘带有褶皱。

沾染大岩桐花期稍短，夏天高温要休眠，5 ～ 7 月和 9 ～ 11 月要少量浇水，否则花瓣容易霉烂。生长期喜温暖、潮湿，忌阳光直射，有一定的抗炎热能力，但夏季宜保持凉爽，23℃左右有利于开花，1 ～ 10 月温度宜保持在 18 ～ 23℃；10 月至翌年 1 月（休眠期）温度宜保持在 10 ～ 12℃。块茎在 5℃左右的温度中，也可以安全过冬。

三、花冠筒特色大岩桐

长筒侧生

长筒侧生大岩桐在当前比较流行，自育的品种较少，日本彩铃系列（Multibells）均为长筒侧生个体。日本彩铃系列是继阿瓦迪系列之后又一个新的单瓣系列，单棵植株开花可达 40 朵，盛花期所有单花汇聚于植株顶端，形成天然花球。该系列还有以下优点：花大，花冠筒长度≥5厘米，花朵直径8～9厘米，花期比其他品种早10～14天，可以高密度生产以增加盈利。具有较好的移植性，种子比其他大岩桐活性高、发芽整齐度好。

日本阿瓦迪系列，花顶生，每克种子约2 700粒。发芽适宜温度为22～24℃，发芽时间10～14天，需光。花色亮丽，花期早，单瓣花。推荐在直径10～12厘米的盆钵里栽培。小型叶片柔软且有韧性，非常适合高密度生产，易包装，耐贮运。

长筒侧生大岩桐颜色分为粉色、白色、红色、蓝色、紫色等。所有的长筒侧生个体均为单瓣，花冠大多为唇形，日本彩铃系列和阿瓦迪系列长筒侧生的共同特点是：第一，花喉和花冠均为同一种颜色，花开成簇，叶片较大、较肥厚，便于运输；第二，花萼分为上下两部分，上萼片较短，下萼片较长，花冠筒呈鱼肚状，即唇形花冠；第三，株型较为紧凑，开花成簇，叶片、叶柄较长。

笔者收集的长筒大岩桐除日本彩铃系列和阿瓦迪系列外，原始品种和野生资源也比较多，如福建、台湾等地最早发现的 D39 粉白麻单、HC7 迷你系列（Mini Series）、ZC3 原始浅紫色、ZC4 原始长筒短瓣等个体。从品种选育来看，大岩桐的花形从长筒侧生演变成短筒顶生，由麻点单瓣逐步演变成麻点重瓣，花色也由最早的淡紫色逐步演化成各种颜色，且与其他特色性状组合，形成各式各样的新品种。除去原始品种外，新品种也逐渐增多。

长筒侧生叶片分为大叶型（长8～12厘米，宽6～8厘米）、中叶型（长6～10厘米，宽4～6厘米）和小叶型（长4～6厘米，宽2～4厘米）；花冠大小、株型也相应分为大、中、小三类。其中 BC 侧生全白小叶、FC8 粉长侧麻喉、ZC3 原始浅紫色、HC7 迷你系列（Mini Series）为小株型个体，茎短小，茎高1.5厘米，叶小，圆形，直径1.3厘米，叶面绿色，叶背浅绿色，有浅红色叶脉，花单朵，唇形花冠，上部的2片花瓣比下部向外展开的3片小，花紫色或淡紫色，还有些带有深色条纹等；HC8 Two-faced Beauty（双面佳人）、HC4 红色侧开麻喉、D36 侧开紫麻单为大株型个体，株高25厘米，茎叶密生白毛，叶4片轮生，卵圆形，叶背脉纹显著，夏秋季开粉红花，花筒近似圆筒形；日本彩铃系列和阿瓦迪系列等为中株型个体，株高20厘米，叶卵圆形，叶面绿色，叶背紫色，全身被细茸毛，花从叶腋中抽出，一般4～6枚，花茎长5～10厘米，花茎顶端有一朵下垂的花，花朵似拖鞋状。

笔者收集的长筒侧生大岩桐材料中，麻点、粉色以及紫色材料，主要来源于荷兰、美国及中国台湾，白色、红色、蓝色个体材料来源于日本，D45 紫白单 C、FC7 粉长侧白喉、HC8 Two-faced Beauty（双面佳人）、ZC5 Violets 花喉均为白色或带有少量麻点。其中，自育个体16个，为 D1、D9、D20、D45、D42、D55、D20 系列及单 324# 侧开紫麻单。

长筒侧生个体生长期喜温暖、潮湿，忌阳光直射，有一定的抗炎热能力，但夏季宜保持凉爽，23℃左右有利开花；1～10月温度宜保持在18～23℃；10月至翌年1月（休眠

1 钟形短筒侧生	4 唇形长筒侧生
2 钟形长筒侧生	5 漏斗形短筒侧生
3 唇形短筒侧生	6 漏斗形长筒侧生

1	2	3
4	5	6

期）温度宜保持在 10 ～ 12℃；块茎在 5℃ 左右，也可以安全过冬。生长期要求空气湿度大，不喜大水，避免雨水侵入；冬季休眠期则需保持干燥，如湿度过大或温度过低，球茎直径较小，且球茎易腐烂。喜肥沃疏松的微酸性土壤。

短筒侧生

目前，笔者收集的短筒侧生（花冠筒长度介于 3 ～ 5 厘米之间）个体较多，早期市面上多为单瓣个体，随着育种水平的提高，原有单瓣材料经一系列改良杂交及后期突变后，出现单瓣长筒或者重瓣侧生个体。

笔者收集到短筒侧生大岩桐材料共 13 个，其中，D1 Rozovaya（芙蓉花）、D2 Ripples 为引进个体，其余为杂交或者引种驯化个体，重瓣个体为 D1 Rozovaya（芙蓉花）和 C21 红重麻 M，半多瓣个体为 B9 侧开紫麻半重、C13 侧开紫麻半重 J、C13 侧开紫麻半重、重 27# 侧开紫麻半重，其余个体均为单瓣。花冠有上下花萼之分，花冠筒横切面呈椭圆形，其中下部花萼较长的有 B9 侧开紫麻半重、C13 侧开紫麻半重 J、C13 侧开紫麻半重、C21 红重麻 M 以及 D20 侧开粉麻单 B，由于上下萼片的长度不同，使整个花冠筒呈现鱼肚形，其余个体上下花萼长度相同，整个花冠筒呈圆锥形，花冠裂片较短，如 D39 粉白麻单、D5 深粉麻单国内原始种、D20 侧开粉麻单 B、D3 粉红短单原始、D4 Gupta 等。

短筒侧生大岩桐叶片分为大叶型（长 8 ～ 12 厘米，宽 6 ～ 8 厘米）、中叶型（长 6 ～ 10 厘米，宽 4 ～ 6 厘米）和小叶型（长 4 ～ 6 厘米，宽 2 ～ 4 厘米），根据株型、花朵的大小也相应分为大、中、小三类。其中，D4 Gupta、D39 粉白麻单为小叶型，C21 红重麻 M、D5 深粉麻单国内原始种、C13 侧开紫麻半重 J 为中叶型，其余个体为大叶型。叶片颜色为黄绿色、绿色、深绿色、紫绿色，叶片多为卵圆形和卵形，其中 D4 Gupta 叶片呈细长柳形。叶柄均较长，叶片表面覆盖有少量的茸毛。所有个体的花期均较长，为 4 ～ 12 月，是国庆用花的理想品种。其花色艳丽、花期长，因此大岩桐备受花卉生产、消费者的青睐。

大岩桐花冠筒外侧颜色一般与花冠裂片颜色有直接关系，花冠筒外侧颜色多比花冠颜色浅，如花冠为紫色，花冠筒外侧多为浅紫色或者白色等。花冠筒外侧性状有两种组成形式：一种外侧带有棱角，棱角数量为 5 ～ 7 个，整个花冠筒横切面为多边形；另一种外侧光滑，整个花冠筒横切面为圆形或者椭圆形等。

四、特色花喉大岩桐

大岩桐的花喉一般为白色且具有不同颜色的麻点，麻点密度不同，花喉上茸毛多少也有差异，而本书介绍的花喉颜色有红喉、粉喉、黄喉、紫喉，还有花喉内部有不同颜色的条纹，称为条纹喉。特色花喉的存在让大岩桐观赏性和遗传多样性更加丰富。笔者收集的特色花喉大岩桐材料共 91 个，其中 42 个重瓣个体，49 个单瓣个体。

白喉

笔者收集的白喉大岩桐材料共 22 个，重瓣个体为 5 个，除俄乌系列的 B1 EH-Акварельныеузоры 外均为自育个体。白喉大岩桐自育个体，均由持续的回交或杂交产生，这种育种手段主要目标就是要增加花色的纯度，去掉花冠裂片和花喉上的麻点。

白喉大岩桐主要有如下特点：花冠颜色多为纯色，花喉均为纯白色或具有极少量麻点，这种性状关联度的研究尚未见报道，但是在我们多年的育种实践中发现，两者之间确实存在一定的关联。自育杂交组合 D48、C10、D42、D47 系列的典型特征为花顶生，花冠颜色均匀并无杂色，花喉白色，茸毛较少，植株较高，株型紧凑，在杂交过程中作母本得到白色花喉个体较多，属于隐性遗传。所有单瓣花喉较大，重瓣雌雄蕊均外露，大多单瓣成对出现。笔者收集的白喉大岩桐除 D45 白芯紫单 C 的花侧生外，其余个体的花全部为顶生，部分花冠裂片具有一定的条纹。白色花喉所有个体的叶片颜色有深绿色、紫绿色、浅绿色，叶柄较长，花期长短不一，有全年开花的个体，也有季节性开花的个体，较为耐阴耐旱，有的不耐湿，大多数个体花喉较大，容易自然授粉而结实，故此类个体经常有结实种荚存在。

粉喉

笔者收集的粉喉大岩桐仅有一款为自育杂交个体，即 C28 幻彩粉重麻 A，其余均为引进个体，来自日本、荷兰、美国及中国台湾。其中，有 F5 Mysterious Series（神秘系列）中的粉色个体在连续种植过程中突变以及衍生出来的个体，有引进的粉色重瓣个体 F3 The Heart of the Virgin（圣女之心）、F4 Dream of Roses（玫瑰之梦）、F7 Sophie（苏菲）以及 F9 A Fairy's Dream of Roses（仙女的玫瑰梦）。粉喉大岩桐的特点为：花瓣颜色为浅粉色、白色，花喉为粉红色、粉紫色、深粉色，花冠和花喉形成鲜明的对比。其中，F1 白瓣紫色条纹麻喉、F2 Anne Princess Royal（安妮公主）花瓣上布有粉色细小麻点，F10 Stardust（星空粉）花冠裂片较短。

红喉

笔者收集红喉大岩桐资源中，自育个体有 D9 紫麻单 L、D45 白心紫麻 V、C31 红心粉白重 A、H4 Nice Rise，其他均为引进材料，主要来自俄罗斯及中国台湾。俄乌系列的红喉大岩桐主要特点是花冠裂片有不同密度的紫色麻点和条纹，主要呈冷色系，如 H1

ЕН-Ричардгир、Н2 ЕН-Белиссимо、Н3 ЕН-Жюль Верн、Н5 ЕН-Марисоль、Н6 ЕН-Мадам Рекамье、Н7 РичардГир，此类红喉大岩桐很受中国青年男士欢迎，它们具有很高的抗寒性，花喉内部有少量茸毛，花期超长，并能在中国最热闹的春节期间开放。其中，H4 Nice Rise 花瓣呈浅粉色，而花喉呈红色，观赏价值极高。

黄喉

黄喉大岩桐的花喉开花前期呈白色，之后花喉逐步变成黄色，且颜色逐步加深直到花朵凋谢。笔者收集的黄喉大岩桐材料中，自育材料有 6 个，其他均为引进材料，多为俄乌系列的重瓣个体，花瓣边缘和花瓣内部颜色差异明显，黄色花喉与花瓣颜色对比强烈。彩虹系列个体中，如 Н1 ЕН-Шедеврал、Н7 ЕН-Фриволи23、Н6 САТ-Джинджер（姜）、Н7 САТ-Сахарная Пудра（糖粉）花瓣多层，其边缘为粉色或者紫色，花喉初为白色，后为黄色，花瓣多轮，看起来富贵如牡丹，富贵大气。Н3 ЕН-Витаминка、Н3 ЕН-Кружана、Н6 САТ-Орфей 花瓣裂片为紫色，花喉为黄色，冷暖色系搭配，让整个花色看起来更加鲜艳。此外，H12 Corona Halo（日冕光环），叶片较大，茸毛较多，黄喉红瓣带条纹，株型较大，叶片肥厚。

紫喉

紫喉大岩桐花瓣白色，花喉紫色，颜色深浅对比突出，整个植株大气和高贵。笔者收集的紫喉大岩桐材料中，自育材料有 C22 淡紫白重 I、C22 紫色花喉，其余为引进材料，如 Z3 Double Brocade Series（锦缎系列）、Z4 Brocade Flowers Series（锦花系列）、Z5 Early Giant Series（巨早系列）、Z9 Emperor William Series（威廉皇帝系列）的自交衍生后代，另外，Z7 Sakata 14（板田系列 14 号）为浅紫色花瓣、深紫色花喉。

条纹喉

条纹喉大岩桐的花喉有以下几种组成形式：第一种花喉内部有多条条纹，且条纹之间没有明显的区别，粗细相同，如 D1N Yolanda（约兰达）、D1 香味粉麻单 C、D2 粉麻单 C、D46 粉麻单 F、D55 侧开紫麻单 A、D57 紫麻单 Diamond Placer（钻石砂矿）等；第二种花喉内部有多条条纹成，同时有一条明显的主线条纹，如 C4 紫重麻 A Gloxinia Sweet Heart、C22 紫重麻 F 甜心、D4 侧开紫麻单 R、D4 紫麻彩虹 N Rain Drops（雨滴）、D45 深紫麻单

不同类型的花喉

U、T2 EH-Бессонница（失眠）；第三种花喉内部有多条条纹，同时有三条主线条纹组成，如 T1 Prince of the Windmill（风车王子）、D54 紫麻单 F Witchcraft（魔法）、D54 紫麻单 E Constellation（星座）、D54 紫麻单 C。

五、半重瓣大岩桐

半重瓣大岩桐的花瓣数量和形态介于单瓣和重瓣之间，花瓣层数介于 1 ～ 2 层之间，系田重瓣个体与单瓣个体杂交选育而来。笔者收集的半重瓣大岩桐材料中，除 C5 紫麻半重 B Beads、C49 粉重麻 A Orleans（奥尔良）、C35 粉麻半重 Pearl Shlfon 外，均为自育杂交组合。半重瓣个体主要有两种表现形式：第一种花瓣最外层比较完整，内层花瓣呈现半瓣或者类似雄蕊状细瓣，半瓣对整个柱头或者雄蕊有遮盖作用，使整个柱头不外露，但是整个花冠中雌雄蕊数量均不减少，这种半重瓣个体的花瓣高低错落，长短瓣均匀排列，极具观赏性，如 B1 深紫麻半重 A、B3 红麻半重、C35 粉麻半重；第二种两层花瓣均匀排列，内层花瓣裂片与外层花瓣裂片性状完全相同，如 D33 First Love（初恋）、C49 粉重麻 A Orleans（奥尔良）、C29 紫重麻，但是整个花冠比起真正的重瓣个体略显单薄，具有一种比单瓣更丰满而比重瓣更简洁的效果，也极具观赏性。

半重瓣大岩桐植株高度在 25 ～ 40 厘米之间，且开花数量比单瓣个体数量少，比重瓣个体数量多，每朵花的花期也介于单瓣和重瓣之间，且花朵在整个叶片之间的排列均匀有致，在管理上更加容易，不会因为单瓣个体大批量开花而需使用大量的营养肥料，也不会因为重瓣个体植株开花过少而使整个植株显得单薄。

半重瓣大岩桐全株密被白色茸毛。叶片颜色为深绿色、绿色和紫绿色，叶片较大且对生，呈长椭圆形或卵形，边缘有钝锯齿，叶背稍带红色。花梗较长，花顶生或侧生。萼片呈五角形，裂片卵状披针形或比萼筒长。花冠阔钟形、矩圆形，直径 6 ～ 8 厘米。半重瓣大岩桐花期较长，约 200 天，栽培方法与普通大岩桐相同，并无过多的差异。

第三章
亲本种质
资源图谱

Sinningia
Speciosa

一、不同花冠裂片颜色的大岩桐

白色

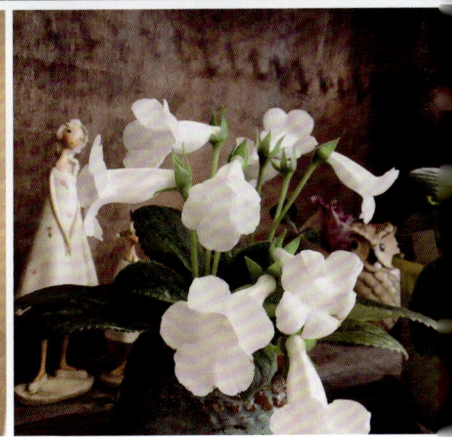

1　B5 Will It Snow for Chirstmas
2　B41 White Romance
3　B14 EH-Антарктида
4　B9 White Moonlight（白月光）
5　B2 White Jade（白玉）
6　B6 Long White Cylinder
7　B3 White Rabbit（小白兔）
8　B16 Angel White（白色天使）
9　B1 白瓣被粉原始
10　B11 Little Fresh（奶白色）
11　B10 Mini Bunny（侧生迷你）

1	2	3	4	6	7
				8	
5			9	10	11

1 BM1 Article de Luxe（麻点白重） 3 BM3 White Roses
2 BM2 Triumph Tender 4 BM4 EH-Па

1		
2	3	4

1　F3 Pink Rococo（粉红洛可可）
2　F6 Feast（盛宴）
3　F2 Morning Purple（晨紫）
4　F1 HT-Калинка Малинка（恶作剧）
5　F6 Masquerade（化装舞会）
6　F7 Rose's Mobile Star（玫瑰的移动之星）

1		
2	3	
4	5	6

粉紫色

1 D49 Cahcapa
2 F15 Cahcapa
3 F21 Cheese Cone（奶酪筒）
4 F3 Sweetheart Series（甜心系列）
5 F13 Sweet Dreams（甜梦）
6 F4 AO-Винтаж（年份）

7　F5 EK- лилуша（铸造）
8　F6 EH-Светская Львица（社交名媛）
9　F7 EH-Сэра

10　F8 HT-Саломея（萨罗）
11　F10 CAT-Черничное Пралине（蓝莓果仁）
12　F11 Флора（弗洛拉）

1	2	3	7	
				10
4		6	8	
5			9	11	12

1　F13 Sweet Dreams（甜梦）
2　F14 俄系 EH-Поплин（府绸）
3　F17 Brilliant（光辉）
4　F18 Гиппокамл（海马体）
5　F19 Amulet（护身符）
6　F20 Narcotics（麻醉品）
7　F23 Elegant（优雅）
8　F24 Zixia Fairy（紫霞仙子）

1	2	3
4	5	6
	7	8

1　F1 EH-Акварельныеузоры
2　F5 EH-Фисанта
3　F3 EH-Изюминка
4　F4 Магия（魔术）
5　F6 HT-Пелагея（佩拉加）

1	2	3
4	5	

1   F7 CAT-Сахарная Пудра（糖粉）   3   F9 Fairies of the Earth(凡间精灵)

2   F8 Pink Glamour（粉魅）   4   F10 Pink Murat（粉色米拉）

1	2
3	4

1　C2 粉重麻 C Rokoko Pink（粉红洛可可）
2　D33 First Love（初恋）
3　D22 First Love's Kiss（初恋之吻）
4　F5 粉瓣白边

1	2
3	4

1　F11 沾染粉色变异
2　F6 粉麻单
3　F9 Dream Pink（梦中粉色）
4　F4 Anne Princess Royal（安妮公主）
5　F10 Fairy Powder Series（仙女粉系列）

1	2
3	4	5

深粉色

1 C2 俄乌粉重麻 Fancy Ball
2 C4 粉重麻 A Orleans（奥尔良）
3 F7 Мюра（米拉）
4 D6 Priceless Luxury（无价的奢华）
5 F1 EH-Пассионале
6 F2 EH-Тиара

1	2
3	4
5	6

1 F3 Ruby Necklace（红宝石项链）
2 F5 民间粉红重麻
3 F9 Flower God Series（花神系列）
4 F8 民间深粉麻点

| 1 | 2 |
| 3 | 4 |

1　D56 粉麻单瓣 Murat（米拉）
2　C2 粉重麻 F Shiffon Pearl
3　C28 粉重麻 E Sharm（沙姆）
4　C23 红重麻 E

1	2
3	4

1	H1 EH-Малика	5	H5 Winter Cherry（冬樱）
2	H2 EH-ЧерныйКардинал	6	H6 Black Roses（黑玫瑰）
3	H3 EH-Орган3а	7	H7 Black Knight（黑骑士）
4	H4 Черный Рыцарь（黑骑士）	8	H13 Purple Air Comes from the East Half（紫气东来半重瓣）

1　H9 The Black Tulip（黑色郁金香）
2　H10 Sakata 15（板田系列 15 号）
3　H11 Dark Magic（紫魔幻）
4　H8 Black Prince（黑色王子）
5　H14 Purple Air Comes from the
　　East Single（紫气东来单瓣）

1		3
2		
	4	5

1　D42 阿瓦迪红单 B
2　D42 阿瓦迪红单 C
3　H7 Red Sweet Dreams（红甜梦）
4　H8 Sakata 12（板田系列 12 号）

1		
2	3	4

1　H4 Сударушка（斯布图什卡）
2　H5 Flying Saucer（飞碟）
3　H6 The Dance of the Windmill（风车之舞）
4　H1 ВИ-Доминика（多米尼加）
5　H2 Премьера（首演）
6　H9 Carmine（胭脂红）

1	2
3	4
5	6

玫红色

1　C40 红重麻 A
2　C14 红重麻 A（改良）
3　C42 Lav Mila（红重麻）

4　H2 EH-Светскаяльвица
5　H3 EH-Спелыйгрейпфрут
6　H4 EH-ОрлеанскаяДев

1	2	3
4		6
5		

1 H6 ЕН–Витаминка

2 H8 ВИ–Саманта (萨曼莎)

3 H9 ЕН–Аквитани

4 H10 ЕН–Глоток Вина

5 H11 ЕН–Спелый Грейпфрут

6 H12 НГ–Солнечная Цапля (太阳能苍鹭)

7 H13 НТ–Карина (卡琳娜)

8 H15 САТ–Роксолана (罗克索拉纳)

9　H16 Emperor Fredericlk（弗雷德里克皇帝）
10　H18 Mysterious Series（神秘系列）
11　H25 Fantastic（梦幻）
12　H27 Dance Skirts（舞裙）
13　H24 Double Brocade Series（重瓣锦缎系列）

1	2	3			
4	5	6	9		
		7	8	10	11	12	13

1　H19 Gregor Mendel（格雷戈尔·门德尔）
2　H20 杂红色白喉
3　H21 Red Etude（红色练习曲）
4　H23 Double Chicago（芝加哥重瓣）
5　H17 Glorious Series（辉煌系列）
6　H26 Glorious Series（辉煌系列）

1	2
3	4
5	6

深红色

1　H2 Davina（达维娜）
2　H3 ЕН-Танцыв Темноте
3　H4 НГ Кизомба（吴基宗巴）
4　H5 ВИ-Ульяна（尤莉）
5　H6 ЕН-Живой Огонь

4	5	
1	2	3

1　H7 EH-Рюшильда
2　H8 EH-Сладкий Плен（甜蜜的俘虏）
3　H9 EH-Тома
4　H10 EH-Хатико
5　H11 Лакшери（拉克谢里）
6　H12 НГ-Солнечная Цапля（太阳能苍鹭）

1		3
2		
4	5	6

1　H13 HT-Карина（卡琳娜）
2　H14 CAT-Софиория（索菲奥里亚）
3　H15 The Aroma（香岩红）
4　H16 The Dream Summer（夏梦）
5　H17 Red Windmill（红风车）
6　H20 Sakata 21（板田系列 21 号）

1	2
3	4
5	6

1 H21 Switzerland（瑞士）
2 H22 Tigrina（泰格里纳）
3 H23 Early Giant Series（巨早系列）
4 H24 EH-пакшери（包装壳）

1　D35 The Single Dance of the Windmill（单瓣风车之舞）
2　D42　Avanti 红单 A
3　H2　EH-Марселеза
4　H3　EH-МерсиБоку
5　H4　EH-Живой Огонь

1	2	
3	4	5

1　H9 ВИ-Жаклин（杰奎琳）
2　H10 ЕН-Кармель
3　H7 Fancyball（化装舞会）
4　H14 Клубничный Ликер
5　H13 ЕН-Фелисетт
6　H8 Анфиса（安菲萨）

7   H16 CAT-Клубничный Ликер（草莓酒）

8   H19 CAT-Роксолана（罗克索拉纳）

9   H18 CAT-Розалия（罗莎莉）

10   H20 СБ-Катюша（喀秋莎）

11   H21 Феличита

12   H26 EH-Княженика

13   H24 Анфиса（安菲萨）

14   H25 НГ-Быть Может（也许）

1	2	3	7	8
4		6	9	10	11
5			12	13	14

1　H29 条纹麻喉来源未知
2　H30 Red Windmill（红风车麻点）
3　H31 Red Etude（红色练习曲）
4　H32 Happy Day

1 | 2
3 | 4

1　H37 Fantastic（梦幻）
2　H34 Red Velvet（红丝绒）
3　H36 The Star of Roses（玫瑰之星）
4　H38 Mini Series（迷你系列）
5　H40 Jennifer（詹妮弗）

		2
1		3
4		5

1   D38 Purple Phantom（紫色幻影）
2   L1 Aurora Borcalis（北极光）
3   L2 Sweetheart Series（甜心系列）
4   L3 НГ-Пиковая Дама（黑桃皇后）
5   L4 CAT-Инсайт（高见）

1	2
3	4	5

1　L5 СБ-Торонто（多伦多）
2　L6 ЕН-Кастор（卡斯特）
3　L7 ЕН-Вишня Черная（俄杂 92 号）
4　L10 Kakazi（卡卡紫）
5　L17 Elegant（优雅）

1	2	3
4	5	

1 L8 Lake Blue（湖蓝色）
2 L15 Sakata（坂田系列）
3 L18 The Sky is Blue（星空蓝）
4 L9 Glorious Series（辉煌系列）

1	2
3	4

1　L11 Blue Temptress（蓝色妖姬）
2　L12 Double Blue-purple（蓝紫色重瓣）
3　L13 Blue Diamond（蓝钻）
4　L14 Magic Ball（魔术球）

1	2
3	4

1　Z1 Blue Star River
2　Z2 C5 紫重麻 B Beads
3　Z3 EH-Девочка-Весна
4　Z4 EH-Самородок
5　Z5 Sweetheart Series（甜心系列）
6　Z6 Zixia（紫霞）

1	2
3	4
5	6

蓝紫色

1   Z2 Весенние Грозы（春雷）
2   Z3 ЕН-Амбассадор
3   Z4 ЕН-Вишня Черная
4   Z16 Night in Paris（夜巴黎）
5   Z17 民间紫瓣麻点
6   Z18 Purple Tower（紫塔塔）

1	2
3	4	5	6

1　Z5 EH-Кастор（卡斯特）
2　Z6 EH-Орфей
3　Z7 Роза Нарнии（玫瑰纳尼亚）
4　Z10 EH-Авангард（先锋）
5　Z11 Amulet（护身符）
6　Z12 Brocade Wind Series（锦风系列）
7　Z13 Blue Star River（蓝星河）
8　Z14 民间杂交无名
9　Z15 Sakata 15（板田系列 15 号）

1	2	3
4	5	6
7	8	9

1　C22 紫重麻 A Calico Wedding
2　C45 紫重麻 A Tailisman of Love
3　D4 俄乌紫麻单 B Chernyi Voron
4　Z3 EH-Брауни

1	2
3	4

1　Z4 ЕН-Малика
2　Z5 ЕН-УзорЫнаФетре
3　Z6 ЕН-ЯгодныйКалейдоскоп
4　Z7 Phantom

5　Z8 Rainbow Eggs（虹彩蛋）
6　Z9 ЕН-Богота
7　Z10 Гамлет（村庄）

	2
1	3
	4
5	6	7

1 Z11 EH-Азимут
2 Z12 EH-Аметрин
3 Z13 EH-Брауни
4 Z14 EH-Дикий Ангел
5 Z15 EH-Дон Жуан
6 Z16 EH-Магнифико

1	2	3
4		6
5		

1　Z17 ЕН-Медуничка　　3　Z21 Седьмое Небо
2　Z18 ЕН-Эмеральд　　4　Z22 Узорына（样品）

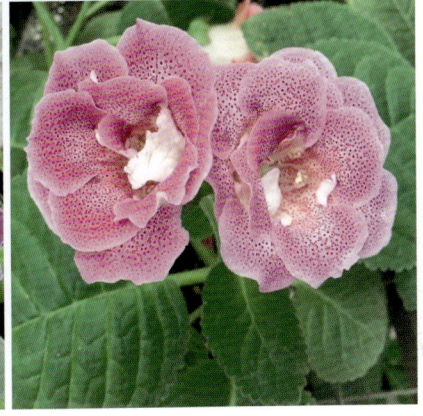

1 C4 Sweetheart Series（甜心系列）
2 C4 紫重麻 A G Loxinia Sweetheart（美版甜心）
3 C22Y Blue Pearl（蓝珍珠）
4 C22F Sweetheart
5 C47B Blue Perfect（蓝色完美）

1		3
2		
	4	5

1 Z1 SY Shiun Series（紫云）
2 Z4 EH-Верона
3 Z5 EH-Вишенка
4 Z7 AO-Катаринка（卡塔林卡）
5 Z8 Весенние Грозы（春雷）
6 Z6 EH-Джентльмен

7 Z8 EH-Кружана
8 Z9 EH-Норд
9 Z10 EH-Тиара
10 Z11 Лукоморье（卢科莫里耶）
11 Z12 HT-Калинка-Малинка（恶作剧）

1		4		7	8	9
3						11
5		6		10		12

1 Z13 CAT-Карибский Берег（加勒比海岸）
2 Z14 CAT-Кассандра（卡珊德拉）
3 Z15 Себастьян 7
4 Z16 Amulet of Love（爱的护身符）
5 Z17 Brocade Flowers（锦花）
6 Z18 ЕН-Шоколадница

7　Z19 全紫色锦缎
8　Z22 Karrh（卡尔）
9　Z24 Feast（盛宴）
10　Z25 Hawaii（夏威夷）

1	2	7	8
3		9	10
4	5	6	

1　Z26 Dance of the Galaxy（银河之舞）　　4　Z31 Purple Magic Velvet（魔幻丝绒）

2　Z28 Purple Windmill（紫风车）　　5　Z32 Zixia Fairy（紫霞仙子）

3　Z30 民间杂交紫麻重 3 号

1	2	3
4	5	

二、不同花瓣特色性状的大岩桐

淡紫白边

1　C14 紫重麻 DA
2　C22 紫重麻 U
3　C22 紫重麻 W
4　D9 紫麻单 D
5　D37 白边紫麻
6　DZ1 紫色麻点单瓣

1	2
3	4
5	6

1 FB2 Любовь и Драмма（爱情与戏剧）
2 FB3 CAT-Белоснежкаи Гномы（白雪公主和小矮人）
3 FB5 Pretty in Powder（白粉佳人）
4 FB1 Pink Glamour（粉色魅惑）
5 FB4 粉色白边未知来源
6 FB6 Santa Claus（圣诞老人）

1		3
2		
4	5	6

红白边

1 HB4 Glorious Series (辉煌系列)
2 HB6 Brocade Flowers Series (锦花系列)
3 HB3 Flower God Series(花神系列)
4 HB8 Sakata 10 (板田系列 10 号)
5 HB1 Rose's Mobile Star (玫瑰的移动之星)
6 5HB2 SY32 国内杂交种

1		3
2		
4	5	6

1　AB2 EH-Аривидерчи（阿里维德奇）
2　AB4 Emperor William Series（威廉皇帝系列）
3　AB5 Flower God Series（花神系列）
4　AB6 单国内杂交未知名
5　AB2 EH-Селфи（自拍）

1	2	3
4	5	

玫红白边

1　MB1 EH-O-Ля-Ля
2　MB2 Double Brocade Series（锦缎系列）

1　ZB1 EH-пакшери（包装壳）
2　ZB2 俄乌系列未知
3　ZB4 Double Brocade Series（锦缎系列）

1	2
3	

单 120# 白边紫麻单 Fifth Element

1　FB10 МГ-Утренняя Звезда（晨星）	5　FB3 Pastries（糕点）
2　FB5 Pink Memories（粉色回忆）	6　FB9 Rozovaya（芙蓉花）
3　FB8 Princess（公主）	7　FB2 Maria（玛利亚）
4　FB4 Pink Glamour（粉魅）	8　FB1 Trickster（魔术师）

1	2	3
4	5	6
7	8	

红色斑驳

1　HB7 HT-Симпатичная Девчонка（漂亮姑娘）　　3　HB6 Коварство и Любовь（伪善者）

2　HB5 EH-Летний Вал（恩夏瓦尔）　　　　　4　HB4 EH-Кис-Кис（恩基斯）

1		
2	3	4

1　HB9 CAT-Моя Энн（我的安妮）
2　HB3 Strawberry Mousse（草莓慕斯）
3　HB10 CAT-Оникс（缟玛瑙）
4　HB1 Davina（达维娜）
5　HB2 Rozovaya（芙蓉花）
6　HB11 Премьера（首演）

1		2
3		
4	5	6

紫色斑驳

1　ZB Грейс（优雅）
2　ZB2 ЕС-Белокурая Жизель（吉赛尔）

1 | 2

酒窝点

1　D41 白麻单 E Florence（佛罗伦萨）
2　D53 Pink Fantasy（粉红色幻想）

1 | 2

正粉色彩虹

1   FC3 Pink Heart（粉白心）   4   FC5 Beautiful Makeup（美丽妆容）

2   FC6 内地收集未知品种   5   FC2 内地收集未知品种

3   FC1 Flower God Series（花神系列）   6   FC4 突变品种红白心

1	2
3	4
5	6

粉红色彩虹

1　FC4 Pink Stars（粉星）
2　FC6 Red Windmill with Red Grass（瑞草红风车）
3　FC1 Beautiful Fable（寓言）

1	2
3	

1 FC2 Red Rainbow（红彩虹）
2 FC8 Single Souffle（单奶酥）
3 FC10 CAT-Розалия（罗莎莉）
4 FC9 SY Purple Fog（紫雾）
5 FC12 美国进口未知姓名
6 FC5 Rainbow Doll（彩虹娃娃）

1	2	3
4		6
5		

浅粉色彩虹环

1	C3 白边粉重彩虹 B		4	C3 粉重彩虹 E
2	C3 白边红重彩虹		5	C6 浅紫彩虹 B
3	C3 粉白重内彩虹 E		6	C6 浅紫重彩虹 C

1	2
3	4
5	6

粉紫色彩虹

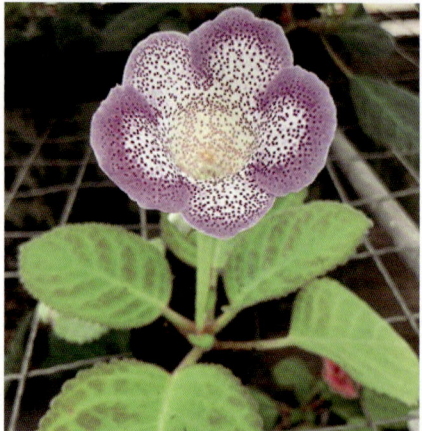

1 D4 紫麻彩虹 Wizard Lake（神秘湖）
2 D6 Larissa（紫单彩虹拉里萨）
3 LC8 EH-Динь-Дои
4 LC9 EH-Императорский Фарфор（皇家瓷器）
5 单 251# 紫麻彩虹

1	2
3	4	5

1 LC12 HT-Саломея-2（萨洛米 2）

2 LC11 Purple Queen（紫色皇后）

3 LC1 Blue Rainbow（蓝彩虹）

4 LC7 Sonny Dan（桑尼单）

5 LC5 Purple Circle Series（紫圈圈系列）

6 LC6 Purple Hemp Circle（紫麻圈）

1	2	3
4		
6		5

1　LF3 EH-Изюминка
2　LF4 CAT-Валенсия（威尔士）
3　LF9 Young Girl（青春少女）
4　LF8 美国引进未知姓名
5　LF1 Cherish Memories（珍惜回忆）
6　LF7 改良品种粉色彩虹圈
7　LF2 Doughnuts（甜甜圈）
8　LF6 CAT-Сахарная Пудра（糖粉）

1	2	3
4	5	6
7	8	

红色彩虹

1 D3 红麻彩虹 N Raspberry（覆盆子）
2 D3 红麻彩虹 Q Tiger Stripes Red（虎纹红 ）
3 D10 红麻彩虹 E Ruby Necklace（红宝石项链）
4 D10 红麻彩虹
5 HC8 НГ-Быть Может（也许）
6 单 136# 红麻彩虹

1	2	3
4		5
		6

1 D56 红麻彩虹 B
2 HC2 Monique（莫妮查）
3 HC3 Red Windmill Series（红风车系列）
4 HC5 The Dance of the Windmill（风车之舞）
5 单 136# 红麻彩虹

1		3
2		
4	5	

蓝紫色彩虹

1　D4 紫麻彩虹 Wizard Lake（神秘湖）
2　D6 紫单彩虹 Lalisa（拉力萨）
3　LC1 Blue Rainbow（蓝彩虹）
4　LC2 Dream Purple（梦幻紫）
5　LC3 Purple Circle Series（紫圈圈系列）
6　LC7 Sonny Dan（桑尼单）
7　LC12 HT-Саломея-2（萨洛米 2）

1	2	3
4	5	
6	7	

1　LC8 EH-Динь-Дон
2　LC9 EH-Императорский Фарфор（皇家瓷器）
3　LC11 Purple Queen（紫色皇后）
4　LC13 重瓣紫彩虹未知名

1	2
3	4

紫红色彩虹

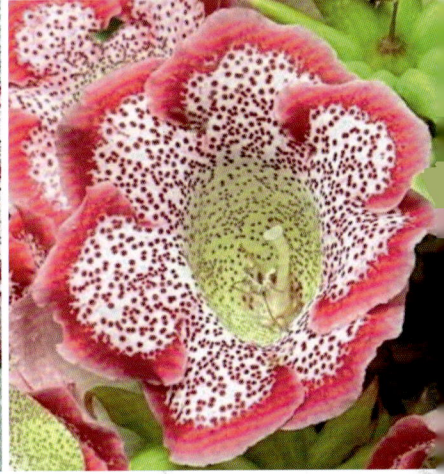

1　D4 Darth Vader（达斯·维德）
2　ZH3 CAT-Королева Красоты（选美皇后）
3　ZH1 Salomeya
4　ZH2 CAT-Валенсия（威尔士）
5　D4 深紫麻彩虹 A Darth Vader（达斯·维德）

1	2
3	4	5

1　Z1 Shagane
2　BM2 НГ-Морской Конек（海马的眼泪）
3　BM3 CAT-Бастинда（泽琳娜）
4　BM1 The Fairy's Wedding Dress（仙女的嫁衣）

	1	
2	3	4

粉色麻点

1　C2 粉重麻 D Oprah（欧普兰）
2　C30 红麻白重 White Finch（红腹白雀）
3　C38 A Natalie（娜塔莉）
4　D75 白边粉麻单 A Pink Printed Cloth（粉色印花布）
5　D75 Candy Smoothies（糖果冰沙）
6　FM3 Milye Vesnuhki（米尔耶·维斯努基）
7　FM6 ВИ-Анита（安妮塔）

1	2	3
4	5	6
		7

1　FM7 ВИ-Мадлен（玛德琳）
2　FM8 ВИ-Эвридика（尤丽黛丝）
3　FM9 Лукоморье（卢科莫里耶）
4　FM10 Созвездие Любви（爱之星）

1	2
3	4

1　FM1 Anne Princess Royal（安妮公主）
2　FM2 Rainbow Doll（彩虹娃娃）
3　FM5 Zen Rhyme（禅韵）
4　FM11 Dance of the Galaxy（银河之舞）
5　FM4 Think Back（回忆往昔）
6　FM14 内地收集来源不明

1		4
2		
3	5	6

1　HM2 EH-Алладин（阿拉丁）
2　HM6 Восточная Ночь（东部晚）
3　HM7 EH-Звездная Феерия（星空奇观）
4　HM4 Violet（紫罗兰）

5　HM8 CAT-Мишель（米歇尔）
6　HM7 CAT-Принцесса Несмеяна（萨特公主）
7　HM3 НГ-Морской Конёк（海马）
8　HM1 Dragon Fruit（火龙果）

1	2	3	4
5	6	7	8

1　C28 粉重麻 J Honey Peach（水蜜桃）
2　C30 红麻白重 White Finch（红腹白雀）
3　C30 红麻白重 B Love Story（爱情故事）
4　D1 白边红麻单 Y Cherry（樱桃 ）
5　HM24 Глоксиния Зимняя Вишня（冬樱花）
6　HM26 ЕН-Бимбо

7　HM14 Recalling the Past（回顾过去）
8　HM20 ЕН-Мартиника
9　HM21 ЕН-Летнийвальс（朱娜）
10　HM22 Варьете（瓦列泰）
11　HM23 ВИ-Саманта（萨曼莎）

1	2	7	8	
3	4	9	10	11
5	6			

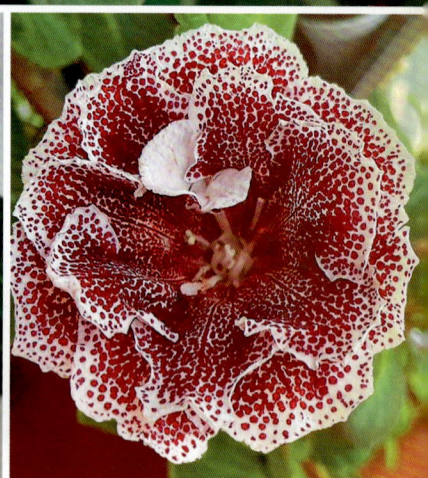

1　HM27 EH-Бомонд（博蒙德）
2　HM28 EH-Дорида（多利）
3　HM29 EH-Клюковка
4　HM30 EH-Светская Львица（社交名媛）
5　HM7 Lacs Cherry（拉克谢里）

6　HM32 CAT-Горячий Поцелуй（热吻）
7　HM33 CAT-Кассандра（卡珊德拉）
8　HM34 CAT-Моя Энн（我的安妮）
9　HM35 CAT-Роксолана（罗克索拉纳）

1　HM36 CAT-Утонченный Вкус（味觉）
2　HM38 СБ-Флорентина（弗洛伦蒂诺）
3　HM39 Сударушка（斯布图什卡）
4　HM11 Qsa（奥萨）

<table>
<tr><td>1</td><td>2</td></tr>
<tr><td>3</td><td>4</td></tr>
</table>

1　HM6 Fantasy（幻境）
2　HM1 A Bunch（洒家）
3　HM40 Dana（达那）
4　HM16 Summer Dream（夏梦）
5　HM2 An Angel of Fragrance（暗香天使）
6　HM41 EH-Амбассадор（使者）

1		3
2		
4	5	6

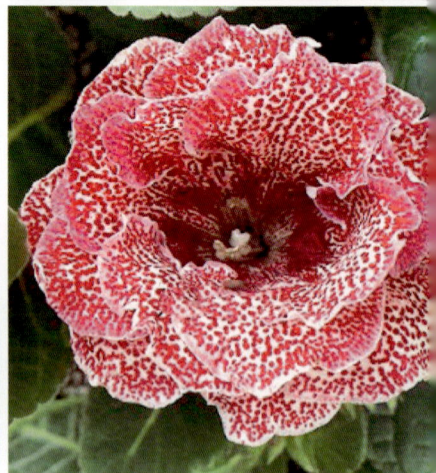

1　HM12 Pastries（糕点）
2　HM9 Masquerade（化装舞会）
3　HM15 Royal China（皇家瓷器）
4　HM3 Catherine（凯瑟琳）
5　HM8 Maria（玛利亚）

6　HM10 Mona Lisa（蒙娜丽莎）
7　HM4 Cubitt（丘比特）
8　HM18 Verallyina（伊莲娜）
9　HM5 Cranberries（红莓）

1	2	3
4	5	6
7	8	9

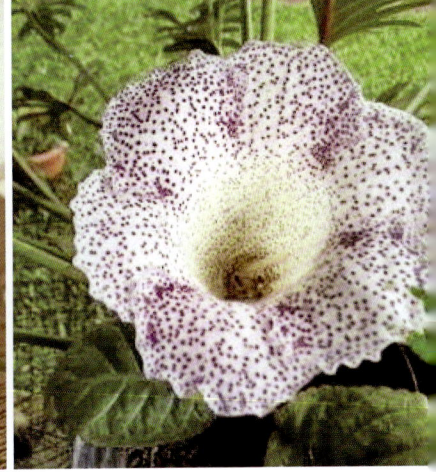

1　LM1 EH-Малика

2　LM2 EH-Полина（多项式）

3　LM3 CAT-Эстетика（美学）

4　LM4 Шонни（肖尼）

5　LM6 Солмаз

6　LM5 EH-Сладкий Яд（甜蜜）

7　LM7 Bissell（比谢尔）

8　LM8 Magic Ball（魔术球）

9　LM9 国内收集未知名

1	2	3
4	5	6
7	8	9

1 B4 紫麻半重 Diamond Placer（钻石砂矿）
2 C14 紫麻白重 Alicia（艾丽西亚）
3 C14 紫麻白重 FIce Cream（雪糕）
4 C41 麻点白重 Article de Luxe
5 C47 紫重麻 B Ant Colony（蚂蚁领地）
6 C47 紫重麻 C Alicia Keys（艾丽西亚凯斯）
7 C52 紫重 B Woodland Spirit
8 C61 粉重麻 A Mousse（慕斯）
9 ZM10 EH-Вуаля

10　D46 Giselle 吉赛尔　　　　　　　13　ZM8 Глоксиния Джорджия（乔治）

11　D53 B Dream Purple（梦幻紫）　14　ZM9 Глоксиния Зимняя Вишня（冬樱花）

12　SY 重瓣 2 号　　　　　　　　　　15　ZM11 ЕН-Гавайская Роза

1	2	3	10	11	12
4	5	6	13	14	15
7	8	9			

1　ZM2 EH-ГриойДождик
2　ZM3 Fantasia（幻想曲）
3　ZM4 Fleeting Year（流年）
4　ZM5 George（乔治麻点）
5　ZM7 Sweetheart Series（甜心系列）

6　ZM12 EH-Императорский Фарфор（皇家瓷器）
7　ZM13 EH-Крем-Брюле（奶油布丁）
8　ZM14 EH-Реверанс1
9　ZM22 CAT-Эпатаж（挑衅）

10 ZM15 EC-Белокурая жизель（吉赛尔）
11 ZM16 EC-Белокурая жизель（吉赛尔）
12 ZM17 CAT-Джинджер（姜）
13 ZM18 CAT-Кассандра（卡珊德拉）

14 ZM20 CAT-Принцесса Несмеяна（萨特公主）
15 ZM21 CAT-Эпатаж（挑衅）
16 ZM1 Cleopatra（埃及艳后）

1	2	3	10	11	12
4	5	6	13	14	15
7	8	9	16		

1　ZM23 Солмаз
2　ZM24 ЕН-Аривидерчи（阿里维德奇）
3　ZM25 ЕН-Скорпио（天蝎座）
4　ZM27 Гамлет（村庄）

1	2
3	4

粉色条纹

1	2	3
4	5	6
7	8	9

1　FT 1 EH-Самородок

2　FT2 白条斑

3　FT3 Черри Близард（樱暴雪）

4　FT4 粉色麻点

5　FT5 Вишнёвая Метель（樱桃雪）

6　FT6 Глория（光辉）

7　FT7 EH-Хатико

8　FT9 粉魅系列

9　FT10 粉麻 23

1　HT1 红瓣带条纹白喉
2　HT2 粉底白心
3　HT3 EH-АРМЕЛЬ
4　HT4 EH-Бомонд (博蒙德)
5　FT5 Вишнёвая Метель (樱桃雪)
6　HT6 Armida (阿米达)
7　HT7 EH-Дорида (多利)
8　HT8 Rose's Mobile Star (玫瑰的移动之星)

1	2	3
4	5	6
7	8	

紫色条纹

1　C14 紫重麻 C Fireworks（烟花）
2　D4 紫麻彩虹 N Rain Drops（雨滴）
3　D53B Dream Purple（大花梦幻紫）

4　D54 紫麻单 E Constellation（星座）
5　D54 紫麻单 M Starlight（星芒）
6　D60 深紫麻单 B Sky of Diamonds

1	2	3
4		6
5		

1　ZT1 紫麻单瓣　　　　　4　ZT5 EH-Дорида（多利）　　　　7　ZT8 EH-Скорпио（天蝎座）

2　ZT2 Purple Windmill（紫风车）　5　ZT6 EH-Жоффрей　　　　　　8　ZT9 EH-Норд

3　ZT3 White Spider（白蜘蛛）　6　ZT7 EH-Мурена（摩尔）　　　9　ZT10 EH-Цефей

1	2	3
4	5	6
7	8	9

沾染

1　ZR1 Colour Powder（炫彩粉）
2　ZR2 SY 民间杂交未知名
3　ZR3 民间杂交出处不详
4　ZR4 浅红阿瓦迪改良沾染

1		
2	3	4

三、特色花冠筒大岩桐

短筒侧生

1　C13 侧开紫麻半重 J
2　C21 红重麻 M
3　D20 侧开粉麻单 B
4　D39 粉白麻单

<table>
<tr><td>1</td><td>2</td></tr>
<tr><td>3</td><td>4</td></tr>
</table>

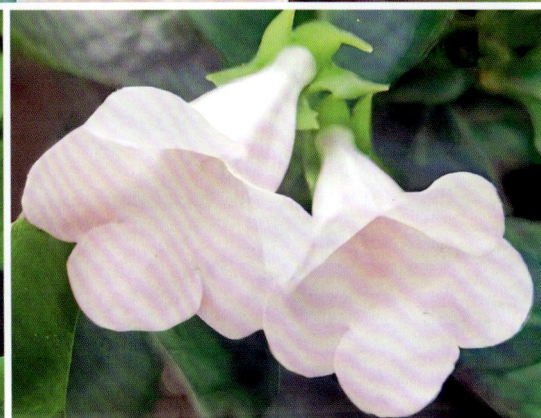

1 BC1 侧生全白小叶
2 BC2 彩铃白色
3 BC3 白色长筒侧开（未知）

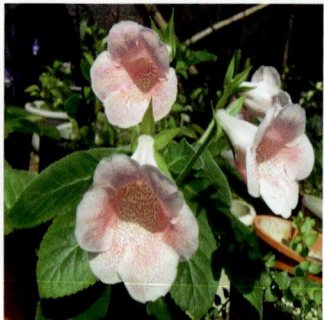

1	2	3
	4	5
6	7	
9	10	8

1　HC1 日本彩铃樱桃红
2　HC2 侧生玫红
3　HC4 红色侧开麻喉
4　HC5 Flower God Series（花神系列）
5　HC6 Mini Series（迷你系列）
6　HC7 Two-faced Beauty（双面佳人）

1	2	3
4		6
5		

1　CZ2 日本彩铃蓝色　　　4　ZC3 原始种浅紫色
2　CZ1 俄式长套筒　　　　5　ZC4 原始种长筒短瓣
3　ZC1 淡紫麻侧

1	2
3	4	5

1　D20 侧开粉麻单
2　D9 侧开紫麻单 M
3　D9 紫麻单 A
4　D9 紫麻单 B

1		
2	3	4

四、特色花喉大岩桐

白喉

1　B1 EH-Акварельныеузоры
2　B2 The Sky is Blue（星空蓝）
3　B3 Zixia（紫霞）

粉喉

1　F1 白瓣紫色条纹麻喉
2　F2 Anne Princess Royal（安妮公主）
3　F3 The Heart of the Virgin（圣女之心）
4　F6 Sakata 19（板田系列 19 号）

5　F7 Sophie（苏菲）
6　F8 The Virgin（圣女）
7　F9 A Fairy's Dream of Roses（仙女的玫瑰梦）
8　F10 Stardust（星空粉）

1	2	3
4	5	6
7	8	

1　H1 ЕН-Ричардгир
2　H2 ЕН-Белиссимо
3　H3 ЕН-ЖюльВерн
4　H4 Nice Rise

5　H5 ЕН-Марисоль
6　H6 ЕН-Мадам Рекамь
7　H8 CAT-Тарантелла
8　H9 CAT-Эпатаж（挑衅）

1	2	3
4	5	6
7	8	

黄喉

1 H1 EH-Шедеврал
2 H2 EH-Витаминка
3 H3 EH-Кружана
4 H5 CAT-Джинджер（姜）
5 H11 黄心红瓣带条纹
6 H12 Corona Halo（日冕光环）

1	2
3	4
5	6

1　H6 CAT-Орфей（俄耳甫斯）
2　H8 粉色彩虹
3　H9 Flower God Series（花神系列）
4　H10 黄心彩虹（未知出处）

1 | 2
3 | 4

紫喉

1　Z1 白瓣紫喉
2　Z2 Ripples
3　Z3 Double Brocade Series（锦缎系列）
4　Z5 Early Giant Series（巨早系列）
5　Z6 民间杂交重瓣 8 号
6　Z7 Sakata 14（板田系列 14 号）
7　Z8 日常突变沾染紫喉
8　Z9 Emperor William Series（威廉皇帝系列）

1	2	3
4	5	6
7	8	

1　D1N Yolanda（约兰达）
2　T1 Prince of the Windmill（风车王子）
3　T2 EH-Бессоница（失眠）
4　D57 紫麻单 Diamond Placer（钻石砂矿）
5　D54 紫麻单 E Constellation（星座）
6　D4 俄乌紫麻单 B Chernyi Voron（黑乌鸦）

1	2
	3
4	5	6

五、半重瓣大岩桐

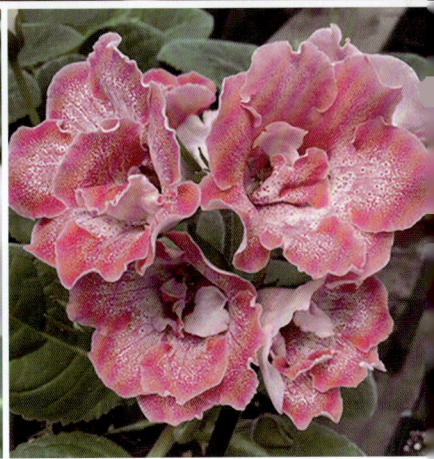

1　C5 紫麻半重 B Grimace Beads
2　C49 粉重麻 A Orleans（奥尔良）
3　D33 First Love（初恋）
4　C35 粉麻半重 Pearl Shlfon

	1	
2	3	4

第四章
杂交育种品系和杂交组合图谱

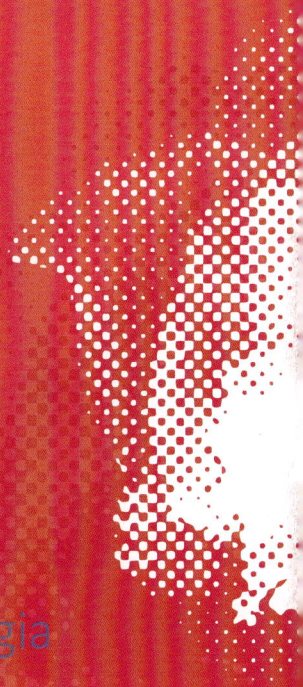

Sinningia

Speciosa

一、不同花冠裂片颜色的大岩桐

白色

1   D8 白单彩虹 A
2   B7 白玫瑰
3   D8 白单 B
4   单 78# 白麻单

1	2
3	4

1	2
3	4
5	

1　C24 幻彩粉重 A
2　C28 粉重麻 B
3　C50 红重麻
4　D56 粉麻 C
5　D56 粉麻 B

1　D1 粉麻单 E
2　D1 粉麻单 V

$\frac{1}{2}$

浅粉色

1 C2 粉重麻 C
2 C23 粉重麻 W
3 C28 粉重麻 C
4 C28 粉重麻 F
5 C28 粉重麻 H
6 C28 幻彩粉重麻 A
7 单 165# 粉麻单

1	2	
3	4	5
	6	7

1　C2 粉重麻 G	4　C23 粉重麻 E	7　莫岩大岩桐 3 号
2　C21 白边红重麻 F	5　C24 粉重麻 L	8　F10 深粉麻点 4
3　C21 红重麻 H	6　C32C	9　C24I TV-3QKQ7

1	2	3
4	5	6
7	8	9

1 C23 粉重麻 I
2 C24 幻彩粉重 B
3 D2 粉麻单 C
4 D2 粉麻单 N
5 D12 粉麻单 B
6 D47 红麻单 P
7 38# 红麻单
8 C24 炫彩粉重 A

1	2	3
4	5	6
7	8	

黑色

1. C10 深紫重 G
2. D4 深紫麻彩虹 H

橘红色

1. C23 红重麻 H
2. C24 幻彩红重 F
3. D42 阿瓦迪红单 B

玫红色

1　C20 玫红重 A　　　5　C27 粉重
2　C23 粉重麻 E　　　6　D3 红麻 B
3　C24 幻彩粉重 A　　7　D3 红麻彩虹 B
4　C24 幻彩红重 D　　8　D3 红麻单 J

1	2	3
4	5	6
7	8	

1　D42 红单 H
2　D42 红单 N
3　D42 玫红单 K
4　D47 暗红麻单 F
5　D47 红麻单 E
6　D47 红麻单 G
7　D47 红麻单 J
8　D47 红麻单 p
9　D50 红麻彩虹 A

1	2	3
4	5	6
7	8	9

1　单 182# 红麻彩虹　　　3　重 31# 玫红重
2　C40 红管麻 A　　　　　4　D48 玫红色报春色

1	2
3	4

1　单 18# 深红　　　　4　D47 红麻单 H　　　　7　C21 红重麻 D

2　单 43# 深红　　　　5　单 273# 白边红麻单

3　C23 红重麻 P　　　　6　单 300# 红麻彩虹

	1	2	3
	4	5	6
	7		

1 C12 白心红重 D
2 C12 红重 B
3 C12 红重 C
4 C16 红重麻
5 C21D

1	2
3	4
5	

1 C21D	6 C23 大花红重麻 G	10 C23 红重麻 F	13 C44 红重麻 B
2 C21 红重麻 A	7 C23 红重麻 A	11 C23 红重麻 I	14 C50 红重麻 B
3 C21 红重麻 B	8 C23 红重麻 B	12 C24 幻彩红重 A	15 D3
4 C21 红重麻 D	9 C23 红重麻 D		
5 C21 红重麻 E			

1　D3 粉红麻 F
2　D3 粉麻彩虹 B
3　D3 红单彩虹 G
4　D3 红麻彩虹 P
5　D42 阿迪瓦红单 C

6　D42 阿瓦迪红单 A
7　D42 红麻单 M
8　D42 正红单 I
9　D43 红麻彩虹 B
10　D47 大花红麻单 B

11　D47 红麻单 A
12　D47 红麻单 C
13　D47 红麻单 D

14　D47 红麻单 D1
15　D50D
16　D50 红麻单

17　单 185# 红麻单
18　玫红色 C21 红麻 B
19　D42 红单 J

1	2			
3	4	5	14	15
6	7	8	9	16	17
10	11	12	13	18	19

1　D54 紫麻单 A　　　4　D62 紫麻单 A
2　D54 紫麻单 K　　　5　L18 紫重麻 SY
3　D54 紫麻单 L　　　6　D66 紫麻单 A

1		3
2		
4	5	6

淡紫色

1 C22 浅紫重麻 I
2 C57 浅紫重麻 A
3 D71 紫麻单 A
4 单 257 紫麻单

1	2
3	4

1　17 紫麻单
2　C10 大花白喉紫重 B
3　C10 紫重 D
4　C14 紫重麻 D
5　C15 深紫重麻 B
6　C22 紫重麻 D
7　C31 暗麻紫重 A
8　单 81 深紫麻单

1	2	3
4	5	6
	7	8

1 C22 麻喉紫重 E　　5 D32 顶开紫麻　　9 单338 紫麻单
2 C22 深紫重麻 N　　6 D45 大花紫单 D　　10 D48 紫单 A
3 D4 紫麻单 E　　7 D45 麻点紫单 A
4 D9 紫麻单 L　　8 D45 深紫麻单 U

1	2	
3	4	5
6	7	
8	9	10

紫红色

1　C22 紫重麻 G
2　C22 紫重麻 V
3　C4 紫重麻 B
4　C10 紫重 E

5　C18 紫重麻
6　C22 淡紫重麻 K
7　C22 紫重麻 C
8　D4 紫麻单 C

9　D4 紫麻单 E
10　D4 紫麻单 F
11　D4 紫麻单 G
12　侧生 D45 白心紫麻 V

13　重瓣紫杂交 4
14　重 10 #紫重

1	2	3	7	8	9
4			10	11	12
6		5	13	14	

1 D4 紫麻单 S   4 D43 紫麻单
2 D9 紫麻单 J   5 单 336# 紫麻单
3 D9 紫麻单 J2   6 单 369# 紫单

1	2
3	4
5	6

1 单 481# 紫麻单
2 D45 紫麻单 G

1	2
3	4
5	6

1　D48 暗紫单 B
2　D54 紫麻单 D
3　D66 深紫麻单 B
4　单 118# 紫麻单
5　单 230# 紫麻单
6　单 317# 紫单

二、不同花瓣特色性状的大岩桐

淡紫白边

1　C22 紫麻重 U
2　C14 紫麻重 DA
3　C22 紫麻重 W
4　D9 紫麻单 D
5　D37 白边紫麻

1	2
3	4	5

1   C32 白边红重麻 B   3   C34 白边红重麻 A
2   C11 红重白边 B   4   C48 粉重麻 C

	1	
2	3	4

红白边

1　C11 红重白边 E
2　D18 白边红麻单 A
3　单 84　白边红麻单

1 | 2 | 3

玫红白边

D18 白边红麻单 A

紫白边

C9 紫重白边

1　D54 紫麻单 J
2　D64 紫麻单 A　　$\frac{1}{2}$

红斑色驳

C24 变异粉重 I

粉色斑驳

D1 香味粉麻单 D

酒窝点

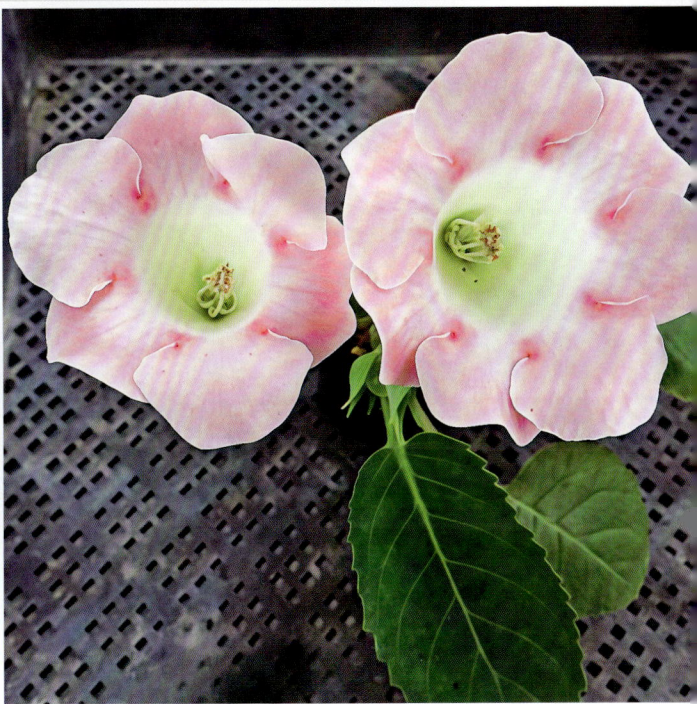

1　D17 浅粉单彩虹
2　D17 紫色酒窝 E
3　D53 白麻单 E
4　D53 白麻单 F
5　9# 粉单

1	
3	2
4	5

1	D56 红麻彩虹 B	4	莫岩大岩桐 7 号
2	莫岩大岩桐 3 号	5	莫岩大岩桐 10 号
3	莫岩大岩桐 4 号	6	莫岩大岩桐 12 号

1	2
3	4
5	6

1 C6 紫重彩虹
2 D6 紫单彩虹
3 单 251# 紫府彩虹
4 莫岩大岩桐 1 号
5 莫岩大岩桐 2 号

1	2
	3
4	5

1　C1 红重彩虹 C
2　C3 白边红重彩虹 D
3　C3 红重白边彩虹
4　C17 粉重彩虹 A

5　D5
6　D5 粉单彩虹
7　D5 粉单内彩虹 B
8　D23 浅粉单彩虹 C

9　莫岩大岩桐 9 号
10　C19 粉花白边重瓣彩虹

1		2	
3	4	5	6
7	8	9	10

红色彩虹

1　D3 粉麻彩虹　　　　4　D3 红麻彩虹 C

2　D3 粉麻彩虹 I　　　　5　D3 红麻彩虹 H

3　D3 红麻 C2　　　　　6　莫岩大岩桐 13 号

1	2
3	4
5	6

1　D3 红麻彩虹 I
2　D3 红麻彩虹 R
3　D3 红麻彩虹 S
4　D3 红麻彩虹 T
5　D5 红单彩虹 C
6　D5 红单彩虹 E
7　D5 深红单彩虹 C
8　D56 红麻彩虹
9　单 136# 红麻彩虹
10　莫岩大岩桐 6 号

1	2	7
3	4	
5	6	10
8	9	

亮粉彩虹

C17 粉重彩虹

紫色彩虹

1　单 124# 紫麻彩虹
2　单 208# 深紫麻彩虹
3　单 302 紫麻彩虹

白色麻点

1 C23 红重麻 Y
2 D1 粉麻单 E
3 D3 红边麻点
4 D4 红麻彩虹

1	2
3	4

粉色麻点

1 C2 粉白重麻 E
2 C30 粉白重麻 B
3 D1S
4 D1 侧开粉麻单 F
5 D1 粉麻单 A
6 D1 粉麻单 B
7 D1 粉麻单 W
8 D1 香味粉麻单 B1

1	2	
3	4	5
6	7	8

1	2
3	4
5	6

1　单 31 #粉麻单
2　单 122 #香味粉麻单
3　单 141 #白边粉麻单

4　单 392 #粉麻单
5　D1 香味粉麻单 D
6　D63 粉麻单 B

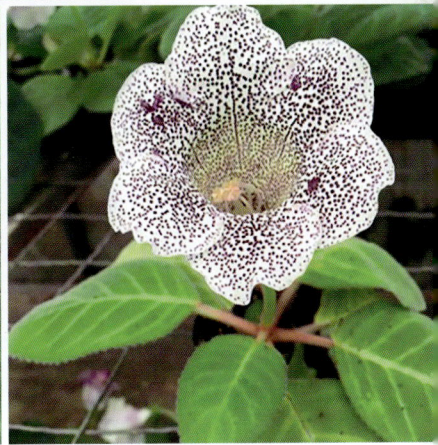

1　C15 深紫重麻 B　　　3　C45 紫麻单 M
2　C15 紫重麻 B　　　　4　单 299# 白麻单

```
  1
2 3 4
```

红色麻点

1 C30 粉白重麻 B
2 红重麻杂交 2

1 | 2

蓝色麻点

1 D37 白边紫麻
2 D9 紫麻单

1 | 2

紫色麻点

1	B6 白麻半重	4	C41 白重麻 C
2	C14 紫重麻	5	C52 紫重麻 A
3	C14 紫重麻 G	6	C57 紫重麻

1	2	3
4		6
5		

1 D9 紫麻单 A	4 D41 香味白麻单 A	7 单 282# 白麻单	10 单 359# 紫麻单
2 D9 紫麻单 D	5 单 121# 紫麻单	8 单 309# 紫麻单	11 单 403# 紫麻单
3 D9 紫麻单 R	6 单 173# 紫麻单	9 单 328# 紫单彩虹	12 重 32# 白重麻

1	2	7	9
3	4	9	10
5	6	11	12

粉色条纹

1 D12 红麻单
2 D46 粉麻单 F
3 D73 白边紫麻单

1 | 2 | 3

红色条纹

1 D50 红麻彩虹 A
2 T005

1 | 2

1	2
3	4
5	

1　D4 侧开紫麻单 R 大花　　　4　单 207# 紫麻单
2　D4 紫麻彩虹 N　　　　　　　5　单 223# 紫麻单
3　D65 紫麻单 A 条纹

1 C17 粉重彩虹 A	4 C24 变异粉重 I	7 C24 幻彩粉重 G
2 C19 幻彩粉重 C	5 C24 幻彩粉红重 H	8 C24 幻彩红重 D
3 C22 沾染紫重 M	6 C24 幻彩粉重 E	

1	2	3
4	5	6
7	8	

1　C24 玫红重 C   3　C24 沾染红重 I TV-3QKQT   5　D2 阿瓦迪粉沾染
2　C24 沾染粉重 J   4　C28 粉重麻 B   6　D2 粉单 L

1	2
3	4
5	6

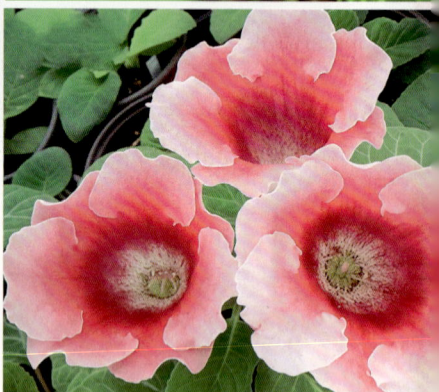

1	2	3
4	5	6
7	8	9

1　D2 粉沾染 G　　　　4　D2 浅粉沾染 F　　　　7　D51 香味淡紫白单 C

2　D2 麻点粉沾染 C　　　5　D2 沾染 M　　　　　8　单 482# 粉沾染

3　D2 浅粉沾染 B　　　　6　D38 紫沾染 B　　　　9　乳白色 D2 沾染粉 B

三、特色花冠筒大岩桐

短筒侧生

1　B9 侧开紫麻半重
2　C13 半重侧开紫麻
3　C13 侧开紫麻半重麻
4　C21 红重麻 M
5　D20 侧开粉麻单
6　D39 粉白麻单
7　重 27# 侧开紫麻半重

1	
2	4
3	
5	6	7

1　D1 侧开粉麻单 F
2　D9 侧开紫麻单 M
3　D9 紫麻单 A

4　D9 紫麻单 A1
5　D9 紫麻单 B
6　D20 侧开粉麻单

1		3
2		
4	5	6

1　D9 侧开紫麻单 E
2　D36 侧开紫麻单
3　D45 侧开紫麻单 E
4　D45 侧开紫麻单 P
5　D45 紫白单 C
6　D55 侧开紫麻单 A
7　单 324# 侧开紫麻单

1		2
3	4	7
5	6	

西瓜红 D20 侧开粉麻单

D42 侧开麻点红单 F

四、特色花喉大岩桐

白喉

1　C10 大花白喉紫重 B　　4　C12 白心红重 D　　7　D42 红单 L
2　C10 紫重 D　　　　　　5　D3 红单彩虹 G　　　8　D45 白芯紫单 C
3　C10 紫重 E　　　　　　6　D42 暗玫红单　　　　9　D47 红麻单 H

1	2	3
4	5	6
7	8	9

1　D4 紫麻单 K
2　粉色 9# 粉单
3　浅粉红 D42 红单 J
4　D47 红麻单 Q
5　D48 白喉暗紫单 A
6　D48 白喉暗紫单 A 条纹
7　D48 紫麻单 A

1		
2		4
3		
5	6	7

粉喉

C28 幻彩粉重麻 A

红喉

1　C31 红心粉白重 A
2　D9 紫麻单 L
3　D45 白心紫麻 V

1	2
	3

1　D1 粉色彩虹
2　D2 红瓣黄喉
3　D2 黄心红瓣

| 1 | 2 | 3 |

紫喉

1　C22 淡紫白重 I
2　C22 紫色花喉 A

| 1 | 2 |

条纹喉

1 C22 紫重麻 A
2 D1 香味粉麻单 C
3 D2 粉麻单 C
4 D4 紫麻单 E

|1|2|
|3|4|

1	2	3
4	5	6
7	8	9

五、半重瓣大岩桐

1　B1 深紫麻半重 A
2　B3 红麻半重
3　B8 紫麻半重
4　C13 侧开紫麻半重 I
5　C29 紫重麻
6　C35 粉麻半重 B
7　C60 紫重麻 A
8　C35 粉重麻 A

1	2
	3
	4
5	6	7	8

第五章
大岩桐变异

Sinningia
Speciosa

大岩桐种子极细小，每克种子有 25 000 ~ 30 000 粒，种子变异较扦插变异大，但种子变异多表现在花色上。大岩桐性状的会受生长条件、气候条件以及施肥状况的变化而变化，故很难确定变异与否，而彩虹环、麻喉等性状一般不会有太大变化；如果变化较大，可出现彩虹环消失、麻喉变成条纹等，而这种情况极小，并且只会出现在某个生育阶段；对于扦插个体而言，秋季扦插变异概率较大，是秋季气温下降较快导致的。总结下来，大岩桐变异可以分为花瓣绿色、多层萼片、花瓣成串等。但是所有的变异特性随着年龄的增长，变异性状会逐渐变得不太明显。

1. 花瓣绿色

花瓣绿色

花瓣绿色主要体现在花瓣裂片上出现绿色，表现为花瓣叶片化，这种情况主要是由于光照条件不足或营养不足导致，花瓣叶片化后的植株有的观赏性较好，有的观赏性较差，花色不同表现各异，这种现象在扦插植株上居多。

2. 多层萼片

多层萼片变异一般出现在重瓣个体中，以红色、紫色大岩桐居多，主要表现为萼片持续出现两层或者多层，花梗长度变短。一般气温达到 40℃ 以上或者低温冻害后，也有这种表现，开花后的碎瓣观赏不佳，且花瓣参差不齐，花冠畸形较多，整体变异后一般都会被淘汰掉，而不做更多研究。

多层萼片

3. 花瓣成串（串瓣）

花瓣成串

这个现象与多个萼片有关，多个萼片可以产生两种性状，一种产生萼片瓣化现象，另外一种会产生碎瓣现象。主要变现为正常花冠外，其底层萼片处也出现花瓣，甚至在花冠和萼片处出现第三层花冠，如此形成明显的成串花瓣，串瓣的形成会因不同品种表现而形成不同的观赏价值，这对大岩桐来说，串瓣也是育种和栽培值得收藏的一类性状。

致谢 ————————————

时光荏苒，自投身大岩桐育种工作以来，已悄然过去了 16 年。这段历程，从青春韶华步入中年稳健，育种事业如同那些绚烂多变的花朵，静静地绽放又默默地凋零，见证了我的岁月变迁。无数青年曾在花海中匆匆耕耘，逐渐累积起无数令人赏心悦目的成果，这些宝贵资料最终汇聚成《大岩桐种质资源图谱》一书。本书详尽记录了全球 12 个主要花卉生产国的大岩桐栽培品种，以及 3 个大岩桐野生资源分布地的典型野生种表型特征，并收录了课题组十多年来的杂交育种新成果。

在本书稿件成形的时刻，我衷心感谢育种团队中每一位年轻的面庞，那些曾经或正在这里贡献着青春与热情的志愿者与科研辅助人员，没有他们的不懈努力，这项工作无法顺利完成。同时，我也要向校内外的诸多良师益友表达最深的谢意，包括四川农业大学风景园林学院的刘柿良教授、刘光立教授，成都农业科技职业学院风景园林学院的陈君梅老师，成都三邑园艺绿化工程有限责任公司的胡开强先生，爱国工程研究院的执行秘书郝国霖先生，以及业余花卉爱好者纪旭武先生等，在此一并致以最诚挚的感谢。